含稀土冶金熔体物性与结构

Physical Properties and Structure of Metallurgical Melt Containing Rare Earth

郭文涛 著

北 京

冶 金 工 业 出 版 社

2022

内 容 提 要

本书将冶金熔体研究方法和材料分析技术应用到稀土对硅铝酸盐熔体物性和结构的研究工作中，按照含稀土冶金熔体黏度、电导率及结构顺序编排，内容包括采用内柱体旋转法研究稀土含量、价态等对硅铝酸盐熔体黏度的影响规律；采用四电极法研究稀土含量对熔体电导率的影响规律；在含稀土熔体黏度、电导率的实验研究基础上，建立了黏度和电导率两种物性之间的关系；采用高温拉曼光谱技术，研究稀土对硅氧四面体、铝氧四面体结构的作用机理，揭示了稀土元素在四面体网络结构中的作用，为稀土玻璃生产工艺优化提供技术支持。

本书可供从事冶金、材料、地质等工作的科研人员和工程技术人员阅读，也可供大专院校相关专业的师生参考。

图书在版编目 (CIP) 数据

含稀土冶金熔体物性与结构/郭文涛著 . —北京：冶金工业出版社，2022.12

ISBN 978-7-5024-9334-9

Ⅰ . ①含… Ⅱ . ①郭… Ⅲ . ①稀土金属—有色金属冶金—熔体—研究 Ⅳ . ①TF845

中国版本图书馆 CIP 数据核字 (2022) 第 233456 号

含稀土冶金熔体物性与结构

出版发行	冶金工业出版社	**电 话**	(010)64027926
地 址	北京市东城区嵩祝院北巷 39 号	**邮 编**	100009
网 址	www. mip1953. com	**电子信箱**	service@ mip1953. com

责任编辑 夏小雪 卢 蕊 美术编辑 彭子赫 版式设计 郑小利
责任校对 李 娜 责任印制 窦 唯
三河市双峰印刷装订有限公司印刷
2022 年 12 月第 1 版，2022 年 12 月第 1 次印刷
710mm×1000mm 1/16；10.75 印张；174 千字；161 页
定价 65.00 元

投稿电话 (010)64027932 投稿信箱 tougao@cnmip. com. cn
营销中心电话 (010)64044283
冶金工业出版社天猫旗舰店 yjgycbs. tmall. com
(本书如有印装质量问题，本社营销中心负责退换)

前　　言

在冶金、材料高温生产过程中，一般会有熔体参与反应或生成，高温熔体物性将直接影响生产的进行，高温熔体物性包括黏度、电导率、表面张力、扩散系数及密度等。稀土玻璃陶瓷生产过程中往往需要熔体具有较好的流动性，合适的黏度能够改善玻璃产品脆裂、变形等缺陷及组织结构和性能不稳定现象。电导率决定高温熔体电阻大小，选择合适电导率的玻璃熔体会减少电阻消耗的能量，改善电熔窑温度场分布，从而提高生产效率。稀土离子由于配位数高，为高场强、高电荷的离子，当引入量较少时，可以起到破坏玻璃熔体网络结构、降低玻璃熔体网络连接度、降低玻璃熔体黏度的作用；但引入量较大时，有可能造成局部键合力较大，从而夺取小型四面体群的氧离子，提高网络连接程度，从而使黏度增大。由于黏度、电导率等物性对高温熔体结构很敏感，熔体物性的变化在某种程度上能够反映熔体结构的变化。

微量的稀土元素可以显著改变玻璃陶瓷的析晶过程，并影响着材料的组织结构和性能，在提高玻璃陶瓷综合性能和促进功能多样化方面可发挥重要作用，相关研究注重于后续的核化、晶化过程，对其前序过程采用"黑箱"方法来处理，而对于熔融—铸造成型过程而言，重点在于工艺参数的摸索，高温玻璃熔体的物性、结构特征及其对后续核化、晶化过程影响的基础研究还有待完善，导致在原料变化或设计新的配方时受到很大局限，并且生产过程中脆裂、变形及组织结构和性能不稳定等问题也无法解决。目前，关于高温熔体黏度、电导率及结构的研究方法成熟，通过熔体物性测量和结构的解析能够为揭示稀土对硅铝酸盐系冶金熔体物性和结构作用机理提供研究基础。

　　本书是针对含稀土高温玻璃熔体的物性、结构特征及其对后续核化、晶化过程影响的基础研究不足问题，根据近几年作者的研究成果撰写而成。全书内容如下：第 1 章介绍了含稀土高温熔体黏度、电导率的研究方法和进展，高温熔体结构的表征方法和稀土对冶金熔体结构作用的研究概况；第 2 章介绍了稀土含量、种类、价态等对硅铝酸盐熔体黏度的影响规律，含稀土高温熔体黏度模型的选取与修正；第 3 章介绍了稀土对硅铝酸盐熔体电导率的影响规律，含稀土高温熔体电导率模型的修正；第 4 章介绍了稀土对硅铝酸盐高温熔体结构作用机理。本书特色之处在于以稀土玻璃陶瓷工艺技术为背景，针对稀土玻璃陶瓷熔融—铸造过程，探索稀土对硅铝酸盐熔体黏度、电导率及熔体结构的影响规律，建立熔体黏度和电导率之间的定量关系，研究高温熔体中混合稀土含量、种类及元素价态对熔体结构和物性影响规律，为认识稀土对玻璃陶瓷熔体物性的作用机制和产品性能调控提供了理论基础。

　　本书得到了国家自然科学基金项目（批准号：51774189）、内蒙古自治区自然科学基金项目（批准号：2020BS05016）、内蒙古自治区高等学校科学技术研究项目（批准号：NJZZ19124）、内蒙古自治区重大基础研究开放课题（批准号：20140201）、包头市重点领域关键技术攻关和科技成果转化项目（批准号：2017Z1009-2）、内蒙古科技大学创新基金项目（批准号：2016QDL-B26）、钢铁冶金新技术国家重点实验室开放课题（批准号：KF17-01）的支持。同时，感谢赵增武教授、王智、王金明、吴珺等人在本书撰写和修改过程中给予的帮助和支持！

　　由于作者水平有限，书中不妥之处望专家及读者批评指正。

作　者

2022 年 8 月

目　　录

1 概　　论

1.1　白云鄂博矿资源利用现状

1.1.1　白云鄂博稀土资源现状

稀土是化学元素周期表中 17 种金属元素的总称，包括镧系元素和钪、钇等。根据稀土硫酸盐溶解度的不同，稀土可分为轻稀土、中稀土和重稀土，轻稀土包括镧（La）、铈（Ce）、镨（Pr）、钕（Nd）；中稀土包括钐（Sm）、铕（Eu）、钆（Gd）、铽（Tb）、镝（Dy）；钬（Ho）、铒（Er）、铥（Tm）、镱（Yb）、镥（Lu）和钇（Y）是重稀土[1]。中国是一个稀土大国，在世界上的地位举足轻重，经过 50 多年的发展形成了集稀土冶金、稀土材料制备和应用于一体的比较完整的产业体系。特别是大规模生产了占世界供应量 80% 以上的稀土永磁材料、催化材料、发光材料和储氢材料，为国民经济和社会发展做出了重要贡献[1]。

我国稀土资源居世界第一位，约占世界探明储量的 50%，其中，白云鄂博矿地处内蒙古自治区包头市，矿床东西长 18km，南北宽约 3km，总面积达 48km²，储量占中国总储量的 80% 以上。白云鄂博稀土铁矿是举世闻名的以稀土为特色的多金属共生矿床，除稀土、铌、钍等储量丰富外，还富含钛、锰、金、氟、磷、钾等，已查明含有 71 种化学元素、170 多种矿物，它们与铁伴生，具有极高的综合利用价值。白云鄂博稀土铁矿的探明矿物约为 6 亿吨，平均品位约为 34% 的铁和约 5% 的稀土。白云鄂博稀土铁矿已探明储量中，稀土工业储量为 4300 万吨，占全国的 80%，世界的 50%；铌工业储量为 157 万吨，占全国的 72%，仅次于巴西，居世界第二；钍的工业储量为 22.1 万吨，占全国的 77.3%，仅次于印度，居世界第二。白云鄂博复合矿具有贫（有用矿物品位低）、杂（矿石类型杂）、多（元素及矿物组成多）、细（矿物结晶粒度细）四大特征，这使得元素分离提取技术的难度和复杂性增大，给选矿及冶炼工作带来了很大的困难和问题[2-9]。

目前，白云鄂博矿的利用方式是以铁为主、兼顾稀土，矿石中的铁品位低，有害元素多，从经济意义上不适合直接炼铁，需要进行选矿处理。传统模式和新型资源利用模式下，白云鄂博矿生产过程中稀土资源的走向如图1.1所示，白云鄂博矿经弱磁—强磁—浮选—反浮选可以得到铁精矿、稀土精矿及尾矿。铁精矿进入高炉炼铁—转炉—轧钢流程，经高炉、转炉冶炼稀土进入高炉渣、转炉渣中；稀土精矿则通过焙烧、萃取等方法得到稀土金属或稀土氧化物产品，并产生废气、废渣、废液；传统流程的稀土总回收率小于20%，铁的回收率仅为70%。选冶废弃物有些可作为进一步分离提取的原料，但由于加工过程复杂性的影响使得分离提取技术难度增大，有些资源则无法再分离提取，如包钢高炉渣中的稀土资源等，且尾矿长期废置，造成稀土资源利用效率低，后续资源回收利用难度较大，同时对周边环境产生了极大的污染。为解决白云鄂博矿产资源利用不平衡问题，2012年包钢开始实施"内蒙古白云鄂博稀土、铁及铌矿产资源综合利用示范基地"建设总体规划。包钢按照在线尾矿先开发利用，同时为解决尾矿库闭库资源保护和环境保护两大问题的规划，首先，实施600万吨/年氧化矿选矿系统搬迁至矿山，同时进行尾矿综合利用产业化，开发了一系列白云鄂博矿综合利用选冶工艺技术，使白云鄂博共伴生矿资源综合利用和尾矿减排环保项目进入真正的产业化阶段[10-14]。

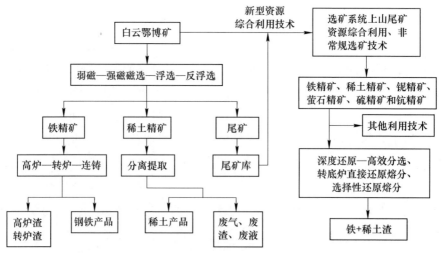

图 1.1 白云鄂博矿开发过程稀土资源的走向

1.1.2 稀土在玻璃陶瓷中的应用

使用白云鄂博尾矿和粉煤灰为主要原料制备的玻璃陶瓷，具备高力学性能、化学稳定性和高硬度等特点，其含有的特殊元素——稀土（尾矿中主要以轻稀土 La、Ce、Pr、Nd 为主）能够使尾矿玻璃陶瓷拥有光学或者是电学等特殊性能[15-18]。不仅如此，稀土还可以影响玻璃陶瓷生产过程中的熔制温度、成核温度等。基于此，利用白云鄂博尾矿作为原料生产玻璃陶瓷可以促进尾矿的高值化利用。稀土尾矿生产玻璃陶瓷不但具有良好的经济效益，并且为解决白云鄂博尾矿问题提供了新的方法和途径。将形核剂等添加剂加入到基础玻璃体系中，再对其进行热处理，体系中会出现晶体。晶体会在形核剂与玻璃分相的共同作用下形核、长大，形成晶体相与玻璃相共存的玻璃陶瓷[5]。玻璃陶瓷既不同于玻璃，也不同于传统的陶瓷，但却又集中了二者的特征，在内部结构、性能设计和成型控制等不同方面均展现出明显优势[19]，如：（1）性能：在高温条件下，玻璃陶瓷表现为均匀的熔融态，经过热处理操作后，能够对其析晶过程进行人为控制，以便于制备出结构均匀、晶粒细小、缺陷少的玻璃陶瓷材料。这使得玻璃陶瓷材料在力学性能、绝缘性能以及其他众多性能方面的表现均优于普通玻璃或陶瓷。（2）功能设计：玻璃陶瓷有广泛的化学组成和易控的热处理过程，因而通过对其晶相的种类和数量进行设计，能制备出各种功能性材料，以满足不同需求。（3）润湿性：玻璃陶瓷在熔融状态下能够"润湿"金属以及其他材料，这一特性使其可以被应用于上述材料的焊接。（4）成型控制：在玻璃陶瓷的生长过程中，其微结构均匀，干燥和烧成后，仅会发生不到5%的体积变化，有利于加工成型以及实现净尺寸成型。因此，玻璃陶瓷可作为技术、结构和光学等方面的材料，在国防、冶金、建筑等领域中发挥重要作用[20]。

稀土元素性质活泼，且其具有独特的电、热、磁、光性能，被誉为工业生产的"维生素"[21]，将其加入到普通玻璃陶瓷中，可以制备出一种多组分、多物相材料体系，即稀土玻璃陶瓷。稀土玻璃陶瓷继承了普通氧化物玻璃陶瓷因氧化物组分固溶而产生的对组分要求宽、高硬度、高耐磨性、高化学稳定性等特点，组分及物相的多样化也为稀土玻璃陶瓷的组织结构优化和性能开发奠定了坚实的基础。添加少量的稀土氧化物或其他稀土化合物，会改善玻璃陶瓷原有的性能，而且可能使其具有特殊的电学或光学等功能特性。另外，由于其可大幅缩减原料体积、固化其中的有害元素，玻璃陶瓷也被认为是一种处理尾矿等固体废弃物的有效方式[22-23]。以白云鄂博尾矿和粉煤灰等工业固体废物为原料，能够制备出以 SiO_2、CaO、Al_2O_3、MgO 等氧化物为主的硅铝酸盐系玻璃陶瓷，由于白云鄂博尾矿中含有轻稀土资源，可以利用其生产出高性能的稀土硅酸盐玻璃陶瓷产品。

1.2　稀土对玻璃陶瓷结构与性能的影响

1.2.1　工业固体废弃物制备玻璃陶瓷进展

利用矿渣能够制备出性能优良的玻璃陶瓷，国内外针对核化、晶化、组织结构等方面进行了大量的研究。郝全明等[24]利用白云鄂博西尾矿以及粉煤灰等废弃物制备出了耐酸耐碱性能大于 98%、抗折强度达 188.90MPa 的矿渣玻璃陶瓷，此材料除了具备良好的化学稳定性以及机械强度外，其他性能也均优于天然大理石与花岗岩制备的玻璃陶瓷。张海军等[25]利用包钢尾矿制备出了显气孔率为 0.05%、体积密度为 $3.0g/cm^3$ 的 $CaO-Al_2O_3-MgO-SiO_2$ 系矿渣玻璃陶瓷，且在常温条件下，其抗折强度可达 71MPa。其主晶相与次晶相分别为透辉石和石英，平均粒径约为 142nm；作为次晶相的石英在矿渣玻璃陶瓷中均匀分布，起到了钝化微裂纹尖端的作用，从而进一步提高了该矿渣玻璃陶瓷的力学性能。欧阳顺利等[26]制备出的矿渣纳米晶玻璃陶瓷主晶相为透辉石，晶粒尺寸在 45~100nm，在抗折强度、耐磨性、断裂强度等力学性能上均能表现出明显的优势。汤李缨等[27]以粉煤灰、高岭土尾矿为主要原料，采用烧结法分别制备出了烧结粉煤灰玻璃陶瓷和烧结高岭土尾矿玻璃陶瓷，其表面均具有质感强烈的结晶花纹，外形美观，可作装饰材料，可在高级建筑装饰领域使用；并且还具备优良的机械强度与化学稳定性，可作为化工及其他领域的耐腐蚀、耐磨材料使用。

肖汉宁等[28]以 $CaO-Al_2O_3-SiO_2$ 作基础体系，利用钢铁工业废渣制备出了矿渣玻璃陶瓷。此矿渣玻璃陶瓷的主晶相为普通辉石和透辉石，并具备良好的化学稳定性。在原有的基础上通过对材料的组成与结构进行改良，该团队又制备出了新的矿渣玻璃陶瓷。新的矿渣玻璃陶瓷中，高炉矿渣与钢渣在体系中的占比增加，使得调整后材料的抗弯强度超过 300MPa、显微硬度达到 12GPa。肖兴成等[29]在石英砂、钛渣中添加了少量的添加剂，并以此为原料制备出了性能优良、材质均匀的炉渣玻璃陶瓷。该团队又尝试将 ZrO_2、P_2O_5 分别与 TiO_2 组合,用以代替原形核剂进行实验。新的复合晶核剂不仅能够对钛渣玻璃陶瓷的整体晶化起到有效的促进作用,还能够去除表面的残余应力、有效解决高钛炉渣体系玻璃陶瓷易表面晶化的问题。汤李缨等[27]利用还原性钢渣和一定量的玻璃工业常用原料制备出了烧结钢渣玻璃陶瓷,此烧结钢渣玻璃陶瓷也同样具有良好的力学性能。

杜永胜等[30]利用白云鄂博尾矿和粉煤灰等工业废弃物,采用熔融法制备出了 $CaO-Al_2O_3-MgO-SiO_2$ 系玻璃陶瓷。向原料中掺杂 La_2O_3 或 CeO_2 后,样品的主晶相均未发生变化,但样品内生成了元素集聚体,致使玻璃网络结构致密化,从而使裂纹扩展阻力增加,裂纹扩展过程中的能量被消耗,进而抑制了裂纹的扩展,最终使材料的维氏硬度得到提升。

1.2.2 稀土玻璃陶瓷研究进展

稀土玻璃陶瓷是在氧化物玻璃基础上发展起来的多组分、多物相复杂材料系统。稀土元素在其中主要起到促进玻璃陶瓷功能多样化、改善玻璃陶瓷产品性能等作用[31]。其中最重要的一个方面就是稀土元素会影响高温熔体黏度。金迎辉等[32]和邓再德等[33]研究发现掺杂微量 La_2O_3 有利于 $Li_2O-Al_2O_3-SiO_2$ 系玻璃陶瓷中主晶相的形核、长大,可以提高材料的抗折强度、改善熔体的黏度。与未掺杂 La_2O_3 相比,掺杂 La_2O_3 后材料的熔融温度升高约 20℃,析晶温度升高约 5℃。掺杂 La_2O_3 还会降低材料的线膨胀系数。谢军等[34]研究发现在 0 ~ 2%(摩尔分数)范围内 CeO_2 有利于降低 $Li_2O-Al_2O_3-SiO_2$ 系玻璃陶瓷高温黏度。Hu 等[35]研究发现将 CeO_2 掺杂到 $Li_2O-Al_2O_3-SiO_2$ 系玻璃陶瓷中后,转化温度降低。同时,玻璃液澄清温度会从 1570℃降低至 1540℃。因为玻璃软化温度是指玻璃黏度为 1013Pa·s 时的对应温度,因此,可以说明少量的稀土掺杂能够降低该体系玻璃陶瓷的高温黏度。刘丽辉[36-37]研究发现用 Y_2O_3 替换 CeO_2 添加到该体系中会增加玻璃陶瓷的黏度、熔制温度和析晶温度。Y_2O_3 只存在于玻璃相中,没有对晶相的种类产生影响。且随着 Y_2O_3 含量的增加,材料的线膨胀系数不断降低,熔制过程中所产生的气泡被消除。罗志伟等[38]研究发现与 1%(摩尔分数)的 Y_2O_3 掺杂量相比,0.5%(摩尔分数)的 Y_2O_3 掺杂量能使该体系玻璃陶瓷玻璃化转变温度下降;当 Y_2O_3 的掺杂量增至 2.5%(摩尔分数)时,玻璃陶瓷的玻璃化转变温度会从 480℃ 左右升高到 500℃ 左右。对此有研究认为：稀土离子均为高场强、高电荷，还具有较高的离子配位数，掺杂量较低时，会降低网络连接度，破坏网络结构，从而使熔体的黏度降低；但掺杂量较高时，有可能会形成较大的局部键合力，提高网络连接度，使黏度增加[39]。

基础玻璃在热处理过程中会发生局部离子迁移，使部分玻璃相由长程无序转变为长程有序晶态结构，这个转变过程就是析晶。稀土元素会通过影响高温黏度、原料组分、固溶、物相等因素来影响析晶。Shyu 等[40]研究发现在 Li_2O-Al_2O_3-SiO_2 系玻璃陶瓷中，少量的 La_2O_3 掺杂会抑制析晶，而增加 La_2O_3 的掺杂量后，玻璃陶瓷的析晶会得到促进。同时，一定量的 Y_2O_3 掺杂可以促进其热处理过程中 β 石英向 β 锂辉石的转变。陈华等[41]研究发现在 La_2O_3 掺杂的 CaO-Al_2O_3-MgO-SiO_2 系玻璃陶瓷中，La^{3+} 会进入辉石主晶相中。当掺杂量为 1%（质量分数）时，La_2O_3 会促进辉石主晶相的形成；当掺杂量大于 1%（质量分数）时，La_2O_3 会与基础玻璃组分发生反应，生成 $Ca_3La_6(SiO_4)_6$ 相，同时还会阻碍辉石相的形成。而在 Li 等[42]的研究中发现，向 MgO-Al_2O_3-SiO_2 系玻璃陶瓷中掺杂 La_2O_3 后，La^{3+} 不仅没有进入主晶相，反而还因其高场强、强团聚的特点对晶核的形成以及玻璃的相分离造成了阻碍，抑制了晶体的形成。董继鹏等[43]研究发现 CeO_2 会和 MgO-Al_2O_3-SiO_2-TiO_2 系玻璃陶瓷内的 SiO_2、TiO_2 发生反应，从而生成新相 $Ce_2Ti_2(Si_2O_7)O_4$。因为 TiO_2 一般作形核剂，所以 $Ce_2Ti_2(Si_2O_7)O_4$ 相的形成必然会引起 TiO_2 的减少，从而抑制原本的析晶过程。

宋雪等[44]以白云鄂博稀土尾矿为主要原料制备玻璃陶瓷，研究了玻璃陶瓷的析晶和性能与玻璃陶瓷中尾矿含量的关系。研究显示钙铝黄长石相和辉石相共同组成玻璃陶瓷的主晶相，形核剂 Cr_2O_3 会形成尖晶石晶核使辉石相析出，玻璃陶瓷的耐腐蚀性能和力学性能随尾矿含量提高有降低的趋势。尾矿中的稀土元素可提高玻璃陶瓷的耐腐蚀和力学性能。陈华等[41]通过多种检测方法研究了白云鄂博稀土尾矿玻璃陶瓷中 La^{3+} 的存在形式，以及 La^{3+} 对玻璃陶瓷耐腐蚀性、抗折强度和微观结构的影响。结果显示 La^{3+} 既存在于辉石主晶相，也可以 $Ca_3La_6(SiO_4)_6$ 的形式存在于玻璃陶瓷中，玻璃陶瓷中添加 1%（质量分数）的 La_2O_3 有最优的综合性能。杜永胜[30,45]研究了 La_2O_3 对尾矿玻璃陶瓷特性的影响，发现随 La_2O_3 含量增加，玻璃陶瓷的析晶放热峰向右偏移，玻璃陶瓷主晶相基本没变而析晶逐渐变弱。La_2O_3 的加入会改变玻璃陶瓷显微结构，减弱玻璃陶瓷的裂纹扩展，提高其抗折强度和硬度。迟玉山等[46]对 La_2O_3 在玻璃陶瓷中作用机理进行研究发现 La_2O_3 加入可使玻璃陶瓷内产生一些纤维状聚集体，起到增韧的作用。

当玻璃陶瓷中并未生成含稀土元素的新相时，稀土元素主要依靠对网络结构产生的畸变来影响玻璃陶瓷的析晶、分相。其基本原理为稀土离子与其周围离子在半径上存在的差异会导致网络结构产生畸变，这种畸变本身能够为某些离子的扩散提供通道，而由其引发的应力也会对玻璃陶瓷中晶相的形成造成影响。同时，稀土离子对玻璃网络格点的占据也会对某些离子的扩散造成阻碍[31,47]。但掺杂稀土元素后玻璃陶瓷内也有可能会形成新的结晶相，这种机理为研究稀土氧化物对玻璃陶瓷微观结构及相组成的影响提供了新的思路，与此同时，也使相关研究变得更为复杂。

通过稀土尾矿玻璃陶瓷研究的文献调研，发现目前对白云鄂博尾矿玻璃陶瓷的研究中，高温熔体黏度、电导率及结构的研究较少。黏度是熔融法制备玻璃陶瓷时熔制、成型等阶段的一个重要物性参数，它会极大地影响熔体中元素的传质、玻璃产品的质量。电窑熔融过程是玻璃陶瓷生产的重要环节，在该环节中，电导率影响熔体的熔化效果，进而影响电窑温度场分布及能耗。因此，研究稀土对玻璃熔体黏度、电导率及结构的影响对玻璃熔体熔制工艺优化有重要的指导作用。

1.3 高温熔体黏度研究进展

高温熔体在一定温度下的流动性能用黏度表示。黏度就是熔体液体组分之间的相对运动产生的摩擦力，在高温熔体中黏度是十分重要的物理性质。在玻璃陶瓷的生产中，熔体的黏度同样至关重要，可以直接影响玻璃陶瓷熔制成型，进而影响玻璃陶瓷的性能[21]，对于高温熔体的黏度测量方法有很多，其中适用于玻璃熔体的测量方法主要有毛细管法、落球法、旋转测量法[48]等。

1.3.1 黏度测量方法比较及选择

毛细管法可以改变物料温度，应用范围广，可以测量的剪切应力范围比较宽，适用于牛顿流体和非牛顿流体，但是测试时间长，残留物料对测量结果的影响大，不适用于低黏度流体测量[49]。

落球法黏度计设计简单，操作方便，可快速测出结果，测量的剪切应力范围广，可以测高温高压下的流体黏度，应用范围广，但是测试的黏度范围小[49]。

柱体旋转法可以用于牛顿流体和非牛顿流体，方法简单，测试速度快，数据可靠准确，测试范围广。缺点是测试低剪切速率下的流体，对电机和机械的要求较高，支撑部分构件容易受损[49]。

综上所述，比较这几种方法的优缺点以及高温硅铝酸盐熔体相关文献中所用的方法，本书选择使用柱体旋转法来检测玻璃陶瓷熔体黏度。

1.3.2 稀土对高温熔体黏度影响研究现状

关于稀土矿渣玻璃陶瓷体系黏度的研究较少，但关于稀土对硅酸盐、硅铝酸盐熔体黏度的影响已有大量研究。Wang 等[50]对硅酸盐玻璃掺杂不同稀土氧化物 La_2O_3、CeO_2、Pr_6O_{11}、Eu_2O_3、Gd_2O_3、Yb_2O_3、Y_2O_3 等，分析稀土氧化物对玻璃陶瓷的影响，发现这些稀土氧化物均降低了 Na_2O-CaO-SiO_2 玻璃陶瓷的熔制温度和黏度，在这些稀土氧化物中，Gd_2O_3 对玻璃陶瓷的影响效果最明显。Sukenaga 等[51]发现 RE-Mg-Si-O-N 体系中（RE = Y、Nd、La、Gd），不同的稀土可以降低熔体的黏度，黏度随着稀土阳离子半径增大而减小。

在 Qi 等[52]的研究中，CaO-SiO_2-MgO-Al_2O_3-CaF_2-Na_2CO_3-RE_xO_y 体系黏度随着 RE_xO_y 含量的增加而降低，FTIR 光谱分析显示 Al 主要是与四个氧原子形成 [AlO_4]—四面体，其充当网络形成剂；只有一部分 Al 形成 [AlO_6]—八面体，起到网络改性剂的作用。通过将 Ce_2O_3 的含量从 0 增加到 10%（质量分数），[AlO_4]—四面体（网络形成剂）的相对分数减少，但 [AlO_6]—八面体（网络改性剂）的相对分数明显增加。熔体解聚的原因可能是 Ce_2O_3 在熔渣中分解成 Ce^{3+} 和 O^{2-}，O^{2-} 含量的增加使得 [AlO_4]—四面体减少，[AlO_6]—八面体增加。Cai 等[53]研究了 CeO_2 对 CaO-SiO_2 体系熔体黏度的影响，随着 CeO_2 含量从 0 增加到 12%（质量分数）在保护渣的黏度逐渐降低，并且熔体黏度的变化和熔体结构相关，由拉曼光谱分析可知随着 CeO_2 含量的增加，熔体的微观结构不断被解聚，导致熔体聚合度降低。王德永等[54-55]研究含 Ce 重轨钢连铸保护渣发现稀土的掺杂对保护渣的结晶、黏度等性质有很大的影响，稀土氧化物的增加会提高熔渣的结晶温度，稀土氧化物含量低于 5%，保护渣黏度减小，含量高于 5%，黏度会升高。向嵩等[56]研究碱度对含 Ce 保护渣黏度的作用，发现碱度发生改变，稀土氧化物对保护渣的影响是不同的，在其研究中主要的碱度分界点是碱度为 0.8 时，碱度大于 0.8，稀土增加黏度，碱度小于 0.8 时结果相反。

谢军等[57]对含铈的锂铝硅系玻璃陶瓷进行了研究，研究结果表明在测试范围内加入少量的氧化铈会使得玻璃陶瓷的黏度降低，并且使玻璃陶瓷熔体结构变得疏松。李宏等[58]研究了不同稀土氧化物对 $Li_2O-Al_2O_3-SiO_2$ 系熔体黏度的影响，发现添加不同的稀土氧化物（La_2O_3、CeO_2、Gd_2O_3、Y_2O_3、Er_2O_3）都可以降低玻璃陶瓷熔体的黏度，La_2O_3 降低玻璃陶瓷黏度的原因是 La^{3+} 的配位数高，电场强度高并且离子半径比较大，导致 La^{3+} 并不能进入且充填在熔体网络结构中，致使网络结构变得松散。Charpentier 等[59]研究了 RE_2O_3 对 $MgO-CaO-Al_2O_3-SiO_2$ 系熔体结构的影响，发现 RE_2O_3 具有双重功能，一方面 RE_2O_3 取代 CaO 后促进了硅酸盐网络结构的解聚，从而降低熔体黏度；另一方面 RE_2O_3 改变了熔体的结晶行为。

黏度是熔体液体组分之间的相对运动产生的摩擦力的体现，在高温熔体中黏度是十分重要的物理性质。在玻璃陶瓷的生产中，熔体的黏度同样至关重要，可以直接影响玻璃陶瓷熔制成型进而影响玻璃陶瓷的性能，关于白云鄂博尾矿玻璃陶瓷的研究主要集中在核化、晶化以及玻璃陶瓷性能，对高温熔体黏度研究较少，研究 La_2O_3 对 $SiO_2-CaO-Al_2O_3-MgO$ 熔体黏度的影响具有重要意义。

1.3.3 黏度模型的比较

由于高温熔体黏度、电导率等物性测量比较困难，高温黏度的实验条件要求高，在现实中很难实现所需要的熔体黏度的实际测量，大量不同组分高温熔体物性实验需消耗大量时间，而应用模型来预测熔体物性是一种有效的研究方法。

Vargas 等[60]全面总结了近几十年关于硅酸盐类高温熔体黏度研究方法、影响因素、熔体结构和模型等方面的研究进展。Zhang 等[61]在考虑了高温熔体结构的影响因素下，发展了硅铝酸盐熔体黏度模型，较好地预测了 MgO、CaO、FeO 等多种碱性氧化物熔渣体系黏度随成分和温度的变化关系。

Nakamoto 等[62]考虑了网络结构对熔体黏度的影响机理，基于硅酸盐结构中氧的键合状态（非桥氧和游离氧离子）提出了评价硅酸盐熔体黏度的模型，较好地重现了二元、三元系熔体黏度与组成的线性关系。Duchesne 等[63]开发了熔渣黏度工具包，以便于选择适合化学组成和条件的最佳模型，包括 24 个熔渣黏度模型，包含 4124 个熔渣黏度的数据库，以及 750 多种熔渣成分，极大方便了高温熔体黏度预测。对不同类型熔体黏度的预报模型汇总如表 1.1 所示，各个模型侧重点不同，而且现有模型均未考虑稀土组元的影响。

表 1.1　黏度模型比较

黏度模型	优　点	缺　点
Urbain 模型	常规 SiO_2-Al_2O_3-CaO-MgO 四元系及其子体系预报效果较好，经 Alex 等人修正后的 Urbain 模型对 SiO_2-Al_2O_3-CaO-FeO 四元系及其子体系的预报都取得了很理想的效果	对于不同的渣系有不同的模型参数，无法使用同一套参数应用于所有渣系
Riboud 模型	方便计算在流体状态下的硅酸盐熔体的黏度，对含 K_2O、Na_2O 的渣系预报效果要好于其他模型	可应用的温度和成分范围较窄
Iida 模型	可以很好地用于高炉渣黏度的预报	范围较窄，仅限于少量简单体系
NPL 模型	对于工业炉渣的黏度应用较多，对不含 Fe 的渣系能取得一定的预报效果，但都有较大的正偏差	可应用的组分范围比较有限，有较大的正偏差
CSIRO 模型	模型的测量范围广，可测量多种渣系	3 种氧离子的摩尔分数需借助晶胞模型计算
KTH 模型	把黏度和热力学的吉布斯自由能联系起来，此模型不考虑复杂配合物离子，只考虑简单离子	含稀土熔渣这种体系（特别是稀土矿渣玻璃熔体）基本不适用

目前关于黏度模型[33-34]的研究中针对含有稀土氧化物渣系的模型研究较少，所以在多元冶金渣系黏度预测模型的基础上进行调研选择并修正。NPL 模型、Urbain 模型、Pal 模型、Riboud 模型都是常用的冶金渣系黏度预报模型，这几种黏度模型的适用范围有所不同。针对几种与本书相关的黏度模型做优缺点的比较如表 1.1 所示。

表 1.1 的几种黏度模型是常用的硅酸盐类熔体黏度预测模型，其各自有

着不同的适用范围和优缺点，通过对其优缺点以及适用范围进行比较，选择 Urbain 模型、Riboud 模型和 NPL 模型作为本书的重点研究对象。以下内容是对本书中所采用的 3 种黏度模型的介绍。

1.3.3.1 Urbain 模型

Urbain 模型是在 Weymann - Frenkel 方程的基础上建立的，Urbain 模型[64-65]提出将常见的氧化物分为 3 类，也就是酸性、碱性和两性氧化物。酸性氧化物即硅酸盐网络结构中的网络形成体，其中包括 SiO_2、P_2O_5；碱性氧化物即网络修饰体，主要包括 CaO、MgO、Na_2O、K_2O、CaF_2、FeO、MnO、TiO_2 和 ZrO_2；两性氧化物即两性体，包括 Al_2O_3、Fe_2O_3 和 B_2O_3。黏度与温度的关系式如下：

$$\eta = AT\exp\left(\frac{1000B}{T}\right) \tag{1.1}$$

式中　T——绝对温度；

　　　A——指前因子；

　　　B——黏流活化能。

A 与 B 之间有如下关系：

$$-\ln A = mB + n \tag{1.2}$$

结合大量的统计数据，Urbain 模型得出的 m 和 n 的平均值为 0.293 和 11.571。Urbain 模型中 B 的计算根据 3 类氧化物，这三类氧化物表示为：

（1）酸性氧化物：$x_G = x(SiO_2) + x(P_2O_5)$。

（2）碱性氧化物：$x_M = \sum x(M_xO)$。

（3）两性氧化物：$x_A = x(Al_2O_3) + x(B_2O_3)$。

活化能 B 用以下公式进行计算：

$$B = B_0 + B_1 x_G + B_2 x_G^2 + B_3 x_G^3 \tag{1.3}$$

$$B_i = a_i + b_i^M \alpha + c_i^M \alpha \quad (i = 0 \sim 3) \tag{1.4}$$

$$\alpha = \sum x_M \Big/ \left(\sum x_M + x_A\right) \tag{1.5}$$

利用式 1.3~式 1.5，计算 B_M，然后计算 B 的值：

$$B = \frac{\sum x_M B_M}{\sum x_M} \tag{1.6}$$

Urbain 模型提供的二元系(SiO_2-M_xO)和三元系($SiO_2-Al_2O_3-M_xO$)的参数如表 1.2 和表 1.3 所示。

表 1.2　Urbain 模型中二元体系参数

参数	a	b	c	d	范围
SiO_2-CaO	10.70	43.70	−111.40	121.10	$0<x<1$
SiO_2-MgO	11.50	0.50	12.10	40.00	$0<x<1$
SiO_2-MnO	7.60	0.50	35.50	20.50	$0<x<1$
SiO_2-FeO	6.10	7.79	1.11	48.32	$0<x<1$

表 1.3　Urbain 模型中三元体系参数

i	$a(i)$ (Mg、Ca)	$b(i)$		$c(i)$	
		Mg	Ca	Mg	Ca
0	13.20	15.90	41.50	−18.60	−45.00
1	30.50	−54.10	−117.20	33.00	130.00
2	−40.40	138.00	232.10	−112.00	−298.60
3	60.80	−99.80	−156.40	97.60	213.60

1.3.3.2　Riboud 模型

Riboud 模型[66]是基于 Weymann-Frenkel 液体动力学理论，通过大量的黏度数据拟合，提出的一个纯经验模型。常见的氧化物被分成 5 类，各自的摩尔分数按下式计算：

$$\begin{aligned}
x_A &= x(SiO_2) + x(PO_{2.5}) + x(TiO_2) + x(ZrO_2) \\
x_B &= x(CaO) + x(MgO) + x(FeO_{1.5}) + x(MnO) + x(BO_{1.5}) \\
x_{Al} &= x(Al_2O_3) \\
x_F &= x(CaF_2) \\
x_R &= x(Na_2O) + x(K_2O)
\end{aligned} \tag{1.7}$$

Riboud 模型计算公式为：

$$\eta = AT\exp(B/T) \tag{1.8}$$

式中　η——熔体黏度，$0.1\mathrm{Pa \cdot s}$；

　　　A——指前因子；

　　　T——绝对温度，K；

　　　B——黏滞活化能，$\mathrm{J/mol}$。

A 和 B 通过计算可得：

$$A = \exp(-17.51 + 1.73x_A + 5.82x_F + 7.02x_R - 33.76x_{Al})$$

$$B = 31140 - 23896x_A - 46356x_F - 39159x_R + 68833x_{Al}$$

1.3.3.3　NPL 模型

Mills 等[67]采用了修正光学碱度 Λ^{corr} 的方法计算 Arrhenius 方程（$\eta = A\exp(B/T)$）中的参数 A 和 B，这个模型一般也称为 NPL 模型。在 NPL 模型中，对不含 Al_2O_3 的体系，Λ^{corr} 根据理论光学碱度的方法计算。

$$\Lambda^{\mathrm{corr}} = \frac{\sum x_i n_i \Lambda_i}{\sum x_i n_i} \tag{1.9}$$

式中　x_i——第 i 组元修正后的摩尔分数；

　　　n_i——第 i 组元的氧数目；

　　　Λ_i——第 i 组元的光学碱度。

NPL 模型的计算公式为：

$$\eta = A\exp\left(\frac{B}{T}\right) \tag{1.10}$$

式中　η——熔体黏度，$0.1\mathrm{Pa \cdot s}$。

参数 A 和 B 与温度 T 无关，都是修正后的光学碱度 Λ^{corr} 的函数：

$$A = \exp(-232.69\Lambda^2 + 357.32\Lambda - 144.17)$$

$$\ln\frac{B}{1000} = -1.77 + \frac{2.88}{\Lambda}$$

不同氧化物的光学碱度值[68]如表 1.4 所示。

表 1.4　不同氧化物的光学碱度值

K_2O	Na_2O	Ba_2O	SrO	CaO	MgO	Al_2O_3	SiO_2	FeO	MnO	La_2O_3
1.4	1.15	1.15	1.1	1.0	0.78	0.60	0.48	1.0	1.0	1.048

1.4　高温熔体电导率研究现状

高温熔体的传输电流能力用电导率表示。电导率是用来描述熔体液体中电荷流动难易程度的参数，在熔体物性分析中，电导率性质非常重要。熔体电导率在稀土尾矿玻璃陶瓷的生产中同样至关重要，是玻璃陶瓷熔融过程最重要的物性参数之一，电导率影响熔体的熔化效果，进而影响电窑温度场分布及能耗，研究电导率对玻璃熔体熔炼工艺优化和玻璃陶瓷高效生产具有重要指导意义。电导率有很多种成熟的测定方法，其中可以用来测量熔体电导率的主要有同轴圆筒法、连续改变电导池常数法（CVCC 法）、交流四电极法、交流二电极法、毛细管法等[69]。

1.4.1　电导率测量原理与方法

高温熔体的电导率通常通过与之相关的电阻间接获得。金属靠其内部自由移动电子在外加电场的作用下定向运动实现导电，而熔体则是靠分布在其内部的带电离子和离子团导电，施加电场熔体内的自由移动正负离子分别异向移动完成导电过程[70]。二者导电原理存在本质差异，但是在外观上来看两者基本一致，特别是当施加交流电场时，熔体导电也通过欧姆定律处理。金属作为导体时，它的电阻计算公式为：

$$R = \rho \frac{l}{A} \tag{1.11}$$

式中　ρ——电阻率，$\Omega \cdot cm$；

　　　A——导体的截面积，cm^2；

　　　l——导体长度，cm。

将式 1.11 中的电阻率 ρ 改为其倒数 $1/\rho$（$\sigma = 1/\rho$），变形得：

$$\sigma = \frac{1}{R} \frac{l}{A} \tag{1.12}$$

式中　σ——熔体电导率，S/cm；

　　　R——电极之间的熔体电阻，Ω；

　　　l——电极间有效距离，cm；

　　　A——电极间的有效截面积，cm^2。

可以通过测量 R、l 和 A 获得高温熔体的电导率。但是电导池内的熔体不仅在电极之间，而且电流会流过所有熔体，实际中的 l 和 A 很难确定[71]。所以在测定电导率时，将 l/A 看作整体，用 C 表示，单位为 cm^{-1}，即 $C = l/A$，称其为电导池常数，则式 1.12 可变形为：

$$\sigma = C \frac{1}{R} \qquad (1.13)$$

应用电导池常数 C 和测量的电阻 R，就能根据关系式 1.13 计算出待测熔体的电导率。显然，测定熔体电导率的本质就是测量熔体液体电阻，电导率数据的准确性取决于电导池常数和电阻的测定精度，而电导池常数和电阻的测定精度与选用电导池的结构和测定方法密切相关[72]。

由于待测熔体的温度通常较高，所以要求电导池热稳定性强，普通坩埚不能充当电导池。测量时要消除或尽量减小测量电流引起的极化现象，同时要精确扣除电导池和电极自身电阻[73]。目前，常用电导池根据结构不同可分为毛细管电导池和金属电导池。毛细管电导池能够减小导线电阻、电极电阻和极化电阻对测量结果的影响，有研究人员使用钨和单晶氧化镁等材料制作电导池。金属电导池常用铂和铂铑等金属做电导池，这类电导池既能耐腐蚀又可以承受高温环境，但是会有极化现象且精度不够。常用的交流四电极法从电导池结构上来讲为金属电导池，要求电导池能够抗侵蚀、耐高温且化学稳定性好。坩埚材料通常为钼、铂和铂铑合金等金属或者氮化硼、氧化锆和石墨等非金属。电极材料要求导电性优良，通常为石墨、钼、铂和铂铑合金等。电导池材料和电极材料要根据待测熔体性质和实验条件合理选择[74-76]。

用来标定电导池常数的电导率标准物质至少应该具备三种特性：化学性质稳定、容易获得且易提纯、已经准确测定过其电导率数值。KCl 很适合作这种标准物质，很多研究员标定电导池常数都使用 KCl 水溶液。目前，已经精确测定过不同温度、不同浓度下的 KCl 水溶液的电导率。几个常用温度下 1.0mol/L、0.1mol/L 和 0.01mol/L 的 KCl 水溶液的电导率列于表 1.5 中[77]。

表 1.5　氯化钾水溶液的电导率　　　　　　　　　　　（S/cm）

温度/℃	溶液摩尔浓度/mol · L⁻¹		
	1.0	0.1	0.01
15	0.08319	0.00933	0.001020
18	0.09822	0.01119	0.001225

温度/℃	溶液摩尔浓度/mol·L^{-1}		
	1.0	0.1	0.01
20	0.10207	0.01167	0.001278
25	0.11180	0.01288	0.001413

采用不同电导率标准液标定电导池常数时，会出现所得电导池常数不一致的现象，大多数是因为测量过程中的极化现象。为了更加准确测量、减小误差，实际标定时使用与被测液体电导率数值大致接近的标准溶液。电导池常数是在室温下测定的，而熔体电导率的测定都是在高温下进行，电导池会发生热胀冷缩，用室温下测得的电导池常数代替高温时的电导池常数会产生误差，但是直到现在，科研人员还是用室温下得到的电导池常数代替高温下的电导池常数测定高温熔体电导率。图 1.2 是几种电导率测定技术原理示意图[69,77-78]。

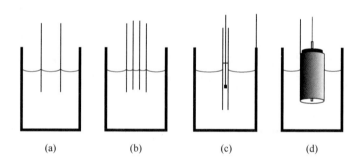

(a)　　　　　　　(b)　　　　　　　(c)　　　　　　　(d)

图 1.2　电导率测定中常见的电导池结构

（a）二电极结构；（b）四电极结构；（c）毛细管结构；（d）同轴圆筒结构

1.4.1.1　交流二电极法

图 1.2 中（a）为交流二电极法的电导池结构。这种电导池可以使用不导电材料制作坩埚；测量电极可以选用棒状电极，也可以采用片状电极。片状结构电极能扩大电极与熔体之间的接触面积，可以降低双电层电容对实验造成的影响。使用二电极法进行电导率测量的熔体主要有 SiO_2、CaO、Al_2O_3、MgO、FeO_x 等氧化物组成的氧化物熔体，以及氟化物、氯化物等卤化物熔盐混合熔体。交流二电极法电导池结构简单，电极、电导池材料容易获得，适用范围比较广。但是测定电压和电流为相同电极，测量时会产生极

化现象，严重影响测定结果，而且影响实验精度的因素比较多，如待测熔体的体积、交流电源的频率、电极的浸入深度等。

1.4.1.2 交流四电极法

图 1.2 中（b）为交流四电极法的电导池结构，电极既可以使用图中的棒状电极，也可以把外侧的两个电极改为片状。这种测量方式内电极上几乎不通过电流，所以不考虑电极和导线电阻的影响。四电极法测量电路如图 1.3 所示，测量电流由外侧 2 个电极提供，测量电压由内侧 2 个电极提供，4 根电极相互绝缘分离。功率放大器提供交流电 I_r，数字电压表可测量到内部两根电极的电势差 E_x，同时电流 I_r 能够通过标准电阻 R_S 与其两端的电势 E_S 计算得到，所以熔体电阻可通过下式计算得出：

$$R_x = R_S \left(\frac{E_x}{E_S} \right) \qquad (1.14)$$

式中　　R_x——熔体电阻；

　　　　R_S——标准电阻；

　　　　E_x——电势差；

　　　　E_S——电势。

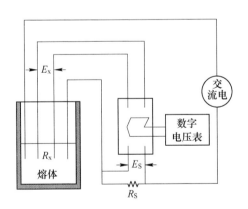

图 1.3　四电极法测量电路原理图

使用四电极法进行电导率测量的熔体主要有 SiO_2、CaO、MgO、FeO、Al_2O_3、CaF_2、ZrO_2、TiO_2 等氧化物组成的混合熔体，以及 MgF_2、CaF_2、BaF_2、AlF_3 等氟化物熔体。多种因素会影响到电池常数的测量，例如施加的频率、熔体的体积、电极浸入熔体的深度、电极的位置和熔体的温度等。在实验过程中，这些因素需要被精确地控制。交流四电极法测定电压和电流的电极分开，测定电压的电极上几乎没有电流经过，无需考虑电极和引线电阻，可最大程度地减少极化的产生，适用范围广而且电导池结构简单。缺点和交流二电极法相同，待测熔体体积、交流电源频率、电极偏心度、电极浸入深度等因素会影响测量精度。此外，因为存在电流通路泄漏，所以电导池材料不同会使测量数据差异较大。

1.4.1.3 毛细管法

图 1.2 中（c）为毛细管电导池结构。因为冶金熔体一般都具有很强的侵蚀性并且测量时需要将毛细管浸没在高温熔体内，导致高温熔体测量会存在多种不确定性，所以制作毛细管电导池必须使用耐高温、抗侵蚀且绝缘的材料，目前使用最多的毛细管电导池材料是氮化硼，石英和刚玉等材料也有使用。毛细管电导池比较适合测量离子熔体的电导率，因为其特殊的结构尺寸可测得较大的熔体电阻值，而且电导池不需要做得很大就能获得比较大的电导池常数，从而降低极化现象和温度对电导池常数的影响[74]。

1.4.1.4 连续改变电导池常数法（CVCC 法）

连续改变电导池常数法基于毛细管电导池结构发展而来。研究发现当电路频率固定时，极化电阻和导线电阻都将固定不变，控制电导池长度（l）来调节电导池常数时，电路中发生改变的只有熔体电阻，且电导池长度（l）与熔体电阻是线性关系[20]。CVCC 法计算熔体电阻不用扣除导线和电极的电阻，但是仍然需要进行标定。CVCC 法将 l 设为变量、固定 A，熔体电阻实际测量时的条件不用与标定 C 时的条件保持相同（标定和测量时要控制 l 一致），增大实验的准确率，降低操作难度。CVCC 法与毛细管法之间的区别为：按照电导池常数的关系式 $C = l/A$，毛细管截面积一定，CVCC 法可以控制电导池的长度，获得多个电导池常数。CVCC 法一般采用热解氮化硼制作电导池，用于测量冰晶石系熔盐和添加碱金属氟化物的冰晶石系熔盐体系的熔体电导率，极少用来测量氧化物熔体电导率；测定精度比较高，当对精度要求高时可以使用；但是电导池结构比较复杂，实验操作较难，且成本高。

1.4.1.5 同轴圆筒法

电导池结构如图 1.2 中（d）所示，最先由 Schiefelbein[79] 提出。圆筒安装在绝缘圆柱基体的中心作为内电极，包裹圆筒的圆柱侧面作为外电极，测量时同时插入熔体，内外电极间的离子熔体实现电流导通。同轴圆筒法测量精度高，在电极对中时可以免标定，但是测量范围小，高温使电极产生形变导致对中困难。可以选用不同的电极材料，改进电导池内部电流通路或者改进电导池几何形状来增大测量范围。至于电极对中问题，如果内外电极平行但是不对中可以特殊标定电导池常数，若内外电极不平行就无法测量，需要对电导池进行调整。

各种测定技术的优势与不足如表 1.6 所示，二电极法和四电极法电极、电导池材料容易获得，电导池结构简单，应用范围也比较广，当需要快速获得电导率数据时推荐使用，但这两种方法的测定精度较低且不容易控制。四电极法相较于二电极法优势为测定电流和电压的电极分开，测定电压的电极几乎不通过电流，不考虑导线和电极的电阻。毛细管法和同轴圆筒法有更高的测定精度，但是电导池结构复杂，而且实验成本较高，对测定精度要求高时选用。

表 1.6 电导率测定技术比较

测定技术	特　点	适用范围
二电极法	电导池结构简单，电极、电导池材料容易获得，适用范围广	存在极化，交流电源的频率、电极的浸入深度等因素会影响精度
四电极法	无需考虑电极和引线电阻，最大程度地减少了极化。适用范围广，电导池结构简单	熔体体积、电极浸入深度、电极偏心度以及所采用频率等影响测试精度
毛细管法	测定精度较高，较多应用在冰晶石系熔盐及添加碱金属氟化物的冰晶石系熔盐	电导池结构复杂，在某些条件下需要特定的材料才能满足实验要求，实验成本高
同轴圆筒法	测定精度较高，在电极对中的条件下可以免标定	高温下电极变形影响测量，测试范围受到实验条件下能构建的电导池大小的限制

由于熔渣体系的熔点通常很高，而且腐蚀性也比较强，因此，高温熔体电导率测量十分困难。为了测量得到较准确的电导率数值，需要从总电阻值里排除导线和电极的阻值。如果提供电流的电极同时用于提供电势，那么界

面极化现象会对测量结果产生很大影响。同时考虑测量过程中电流通路的泄漏即电荷的耗散应该使用非金属材料制作电导池。在高温下应用四电极法测量熔体电导率会避免界面极化的影响。本书相关研究采用氮化硼坩埚结合交流四电极法测量高温熔体电导率。

1.4.2 三元渣系熔体电导率研究现状

目前，关于含稀土硅酸盐熔体电导率的研究较少，但是对硅酸盐渣系电导率的研究已经进行了大量探索。Barati 等[80]采用四电极法研究了不同氧势下 $CaO-SiO_2-FeO_x$ 炉渣的电导率，实验测定了 FeO 质量分数为 30%、$w(CaO)/w(SiO_2)$ 值在 0.5~2.0 的炉渣的电导率，发现离子电导率随 $w(CaO)/w(SiO_2)$ 值的增加而增大，其原因是 Ca^{2+} 浓度增加和炉渣黏度降低所致。炉渣中 $w(CaO)/w(SiO_2)$ 的值越高，其离子和电子导电性的活化能越接近，且均随 $w(CaO)/w(SiO_2)$ 值的增加而降低。

张国华等[81]结合修正光学碱度研究 $CaO-Al_2O_3-SiO_2$ 体系的电导率，分析发现在特定组分范围内 SiO_2 被 Al_2O_3 替代会使熔体电导率减小。经过对熔体内不同离子扩散系数进行对比，确定主要是 Ca^{2+} 在 $CaO-Al_2O_3-SiO_2$ 熔体中起电荷传导作用。并结合电导率数据根据 Nernst-Einstein 方程计算 Ca^{2+} 的自扩散系数，发现计算获得的扩散系数要大于实际测量，并且温度越高，偏差越小。这是因为温度越高，热运动越剧烈，通过示踪法测得的扩散系数接近理想状态的自扩散系数。

Liu 等[82]通过交流四电极法测定了 $CaO-SiO_2-Al_2O_3$ 三元体系的电导率，研究了温度及体系组分含量对熔体电导率的影响，发现温度升高，熔体电导率增大，温度与熔体电导率的关系满足 Arrhenius 公式。随着 $w(CaO)/w(Al_2O_3)$ 值增大，$CaO-SiO_2-Al_2O_3$ 体系的电导率先减小然后增大，而且当 $w(CaO)/w(Al_2O_3)$ 值接近 1 时，电导率出现最小值，这是因为 Ca^{2+} 对 Al^{3+} 存在电荷补偿效应。当 Al_2O_3 含量固定不变时，随着熔体中 CaO 含量增加、SiO_2 含量减少，$CaO-SiO_2-Al_2O_3$ 熔体电导率逐渐增大，因为已经有足够的 Ca^{2+} 参与到 Al^{3+} 的电荷补偿，新增加的 Ca^{2+} 主要起电荷传导的作用。

宋杰等[83]以 TiO_2 为晶核剂，针对 $SiO_2-Al_2O_3-MgO$ 三元玻璃体系，通过 BaO 取代 MgO 的方式制备出顽辉石和堇青石基玻璃陶瓷，研究了用 BaO 取代体系中的 MgO 对玻璃陶瓷电导率的影响。研究发现，使用熔融法在

1480℃条件下制备玻璃试样，在780℃条件下核化处理2h，在980℃条件下晶化处理2h，可以获得电导率为 $5.017×10^{-9}$ S/m、主晶相为顽辉石和堇青石并且性能优异的玻璃陶瓷。

Ogino 等[84]通过四电极法测量以 CaF_2 为基础的电渣重熔渣系的高温熔体电导率。实验使用钨棒制作测量电极、钼坩埚作为熔池，测量含 CaF_2 的二元、三元及四元渣系最高温度到1800℃的熔体电导率并总结相应的经验公式。Ogino 认为在电导率的测量过程中消除界面接触电阻非常关键，可以很大程度上减小测量误差，而交流四电极法可以避免界面接触电阻对实验测量的影响。

1.4.3　多元渣系熔体电导率研究现状

闫晨[85]采用交流四电极法研究 $CaF_2-Al_2O_3-CaO-SiO_2$ 四元渣系的电导率，发现熔体电导率随着温度的升高而增大，并且电导率与温度的关系符合Arrhenius 公式。分析组元含量变化条件下熔体电导率数据，发现当其他组元含量保持固定，随着 Al_2O_3 和 SiO_2 含量增加，熔体的电导率显著降低，而 CaO 含量增加，熔渣的电导率增大。相同温度下且其他组分比例不变，改变 SiO_2 和 Al_2O_3 含量对熔渣电导率的影响远大于 CaO，通过对熔渣中 SiO_2 和 Al_2O_3 含量进行控制可以有效调整 $CaF_2-Al_2O_3-CaO-SiO_2$ 四元渣系的电导率。

Sarkar[86]采用交流电桥法测量1500~1600℃条件下高 Al_2O_3 高炉渣的电导率。实验使用两块石墨板制作测量电极，石墨坩埚充当熔池，将两块石墨板平行插入熔池外接交流电桥测量分析纯试剂配制的（20%、26%）$Al_2O_3-CaO-SiO_2-MgO$ 高氧化铝高炉渣系的电导率。板状石墨测量电极能够增加电极与熔体的有效接触面积，但长时间和熔体接触会产生电极损耗的现象，影响实验测量的准确性，石墨不适合制作测量电极。

豆志河等[87]研究了 $CaF_2-CaO-Al_2O_3-MgO-SiO_2$ 五元渣系的电导率，发现随着温度升高，熔渣的电导率逐渐增大，熔体温度为1500℃时电导率可达 1.22S/cm。当 $w(CaO):w(Al_2O_3)$ 为3:2时，增加 SiO_2 含量熔体的电导率明显减小；CaF_2 含量增加熔渣的电导率显著增大。改变熔渣中 CaO 含量对熔渣电导率的影响几乎可以忽略不计，但是熔渣的电导率随 Al_2O_3 含量增加显著降低。电渣重熔过程要求熔渣电导率必须大小合适，才能确保电渣精炼时有充分的渣金反应，彻底分离出金属和熔渣，生产出力学性能好、结构致密的铸锭，而且耗能少。在标准温度区间内进行电渣精炼，电导率一般控制在 $1.0 \sim 6.0\text{S/cm}$，此时电渣精炼的电流效率比较高。研究表明，CaF_2-CaO-Al_2O_3-MgO-SiO_2 五元渣系适合充当电渣重熔的精炼保护渣，导电性好、流动能力强、综合性能优良。

Ogino 等[88]采用石墨坩埚充当电导池对 CaF_2-SiO_2-Al_2O_3-CaO-Fe_2O_3 五元渣系的电导率进行测定，测量数据误差较大，说明石墨坩埚作该渣系的电导池并不适合。

巨建涛等[89]采用交流四电极法在 1600℃ 下测量 CaF_2-SiO_2-Al_2O_3-CaO-MgO 五元渣系的电导率，实验装置如图 1.4 所示。结果表明熔体中 CaF_2 的质量分数在 $10\% \sim 75\%$ 时，随着 CaF_2、MgO 和 CaO 含量增加，熔体电导率逐渐增大，而 SiO_2 和 Al_2O_3 含量的增加，会使熔体电导率减小，且增减 CaO 含量对电导率的作用比较微弱。

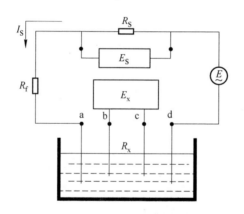

图 1.4　四电极体系

陈艳梅等[90]测定 CaF_2-CaO-Al_2O_3-SiO_2-MgO 渣系的电导率，获得了温度和体系中各种组元对熔渣电导率的作用效果及影响程度。测量结果显示，熔渣体系中各组元对熔渣电导率的影响程度为 $CaF_2 > SiO_2 > Al_2O_3 > MgO >$ CaO。并且熔渣体系中 MgO、CaF_2 和 CaO 含量增加，熔体电导率明显增大，随 SiO_2、Al_2O_3 含量增加，熔体的电导率持续降低。

Zhu 等[91]采用交流四电极法测定了 CaO-SiO_2-MgO-Al_2O_3 系高铝高炉渣的电导率。结果表明，随着 Al_2O_3 含量的增加，熔体的电导率降低，因为 Al^{3+} 形成 AlO_4^{5+} 四面体，并融入 SiO_4^{4+} 的网状结构中，增大了熔体的聚合度。

在渣中加入 MgO 后，由于 Mg^{2+} 的极化能力较强，电导率也降低，因此相对于 Ca^{2+} 而言，Mg^{2+} 的扩散能力较弱。但随着 $w(CaO)/w(SiO_2)$ 值的逐渐增大，电导率逐渐增大，这是由于作为载流子的 Ca^{2+} 浓度增大，聚合度降低。

薛向欣等[92] 在 1633K 温度条件下测定了添加不同粒度和不同含量 TiC 颗粒的 CaO-SiO_2-MgO-Al_2O_3-TiO_2 五元渣系的表观电导率。研究发现，增加 TiC 颗粒的含量或减小 TiC 颗粒的粒度可以增大炉渣体系的表观活化能；在 1633K 时，随 TiC 颗粒的含量增加或粒度减小，炉渣的表观电导率减小；在 1633~1693K 温度范围内，TiC 颗粒含量相同、粒度不同的炉渣，其表观电导率和温度关系符合 Arrhenius 公式。

以上研究工作对研究稀土矿渣玻璃陶瓷熔体电导率有重要的参考和指导意义，为本书相关研究的成分体系设计、熔体电导率测定方法及测量结果分析提供了理论基础。目前，高温熔体电导率主要有三大应用方向：电渣重熔，熔盐电解以及玻璃生产。高温离子熔体直接参与金属冶炼、高温电解等冶炼过程或者充当反应介质。电导率是离子熔体一项重要的传输性质，控制熔体电导率在实际生产中对产品能耗、成本、生产效率和产品质量有重要意义。熔体电导率的大小及它随熔渣成分和温度变化是电渣重熔过程能否顺利进行的关键。氧化物熔渣电导率研究是关于熔渣电解的基础研究，测试温度高、腐蚀性大且气氛难以精确控制，导致熔渣的电导率数据十分缺乏。在玻璃陶瓷生产中，熔体的电导率同样至关重要，可以直接影响玻璃陶瓷的熔融过程进而影响产品的性能。目前，含稀土玻璃陶瓷熔体电导率的研究较少，造成生产过程熔体物性数据缺乏等问题。

1.4.4 高温熔体电导率模型

高温熔体电导率的测量条件要求高，而且测定技术繁多，现实中很难实现其电导率的实际测量。而且有关电导率的研究基本都停留在实验测量阶段，理论研究比较少。因此需要使用电导率模型对电导率数据进行预测。但针对含稀土元素熔体的模型研究较少，而且各种电导率模型所针对熔体组分又有很大差别，模型的适用范围也不同。以下介绍几种熔体电导率研究模型。

Barati 等[93] 基于电导率和氧势间相互关系，进行 FeO-CaO-SiO_2 系熔渣电子/离子电导率实验研究，发现随碱度（$w(CaO)/w(SiO_2)$）增加，电导率增加，并建立"diffusion-assisted charge transfer"模型来研究熔渣电导率与 Fe 价态的关系。

史冠勇等[94]建立了一个电导率估算模型，根据熔体中各个组元间的交互作用参数和组元纯物质电导率来计算熔体电导率。结合 Ogino[84]的大量实测电导率数据进行拟合分析得到熔体电导率与温度和成分的关系式 1.15，通过关系式 1.15 计算多元熔体不同温度的电导率：

$$\sigma = 100\exp(1.911 + 1.38x_x + 5.69x_x^2) + 0.39(T - 1973)$$
$$(1.15)$$

$$x_x = x(Al_2O_3) + 0.2x(CaO) + 0.75x(SiO_2) + 0.5[x(TiO_2) + x(ZrO_2)]$$
$$(1.16)$$

式中 σ ——熔池的电导率，S/cm；

T ——温度，K，适用范围为 1823~2053K。

根据 Arrhenius 公式，电导率和温度的关系为：

$$\sigma = A\exp\left(\frac{E}{RT}\right) \qquad (1.17)$$

式中 σ ——电导率，S/cm；

A ——指前因子，S/cm；

E ——活化能，J/mol。

对式 1.17 两边取对数，并记 $B = \ln A$，则有：

$$\ln\sigma = \ln A + \frac{E}{RT} = B + \frac{E}{RT} \qquad (1.18)$$

因为熔体组分复杂多变，基本不会是单相均匀的液态，所以要根据熔体中各组分交互作用和纯物质的平均值计算式 1.19 中的 B 和 E，即：

$$B = \sum x_i B_i^* + B_{mix}^* \qquad (1.19)$$

$$E = \sum x_i E_i^* + E_{mix}^* \qquad (1.20)$$

式中 B_i^* ——熔体中各纯物质指前因子的自然对数；

E_i^* ——熔体中各纯物质的活化能。

B_{mix}^* 和 E_{mix}^* 代表熔体中不同成分相互作用的影响，计算关系式为：

$$B_{mix}^* = \sum\sum x_{i1}x_{i2}l_{(i1,\ i2)} + \sum\sum\sum x_{i1}x_{i2}x_{i3}l_{(i1,\ i2,\ i3)} + \cdots \quad (1.21)$$

$$E_{mix}^* = \sum\sum x_{i1}x_{i2}L_{(i1,\ i2)} + \sum\sum\sum x_{i1}x_{i2}x_{i3}L_{(i1,\ i2,\ i3)} + \cdots \quad (1.22)$$

参数 l 和 L 是指前因子自然对数 B 和活化能 E 的交互作用系数，要根据所研究体系确定参数及需考虑的项数。

师帅等[95]以 $CaO-Al_2O_3-MgO-CaF_2$ 为基础研究 TiO_2 含量对熔体电导率的影响规律。结果表明，当 TiO_2 质量分数在 $0 \sim 9\%$ 范围内，熔体电导率随 TiO_2 含量增加而降低。并根据现有文献的实测数据对荻野和已的经验公式进行了修正，得到公式：

$$\sigma = 100\exp(1.911 - 1.38x^2 - 5.69x^3) + 0.39(T - 1973) \quad (1.23)$$

$$x_x = x(Al_2O_3) + 0.2x(CaO) + 0.8x(MgO) + 0.75x(SiO_2) +$$
$$0.5[x(TiO_2) + x(ZrO_2)] \quad (1.24)$$

式中　$x(Al_2O_3)$——Al_2O_3 的摩尔分数，$0 \sim 0.5\%$；

$x(CaO)$——CaO 的摩尔分数，$0 \sim 0.65\%$；

$x(MgO)$——MgO 的摩尔分数，$0 \sim 0.1\%$；

$x(SiO_2)$——SiO_2 的摩尔分数，$0 \sim 0.17\%$；

$x(TiO_2)$——TiO_2 的摩尔分数，$0 \sim 0.18\%$；

$x(ZrO_2)$——ZrO_2 的摩尔分数，$0 \sim 0.15\%$。

式 1.24 中各参数适用温度范围为 $1823 \sim 2053K$。

张国华等[96]研究了影响硅铝酸盐熔体电导率和黏度的各种因素，提出了熔体电导率和黏度的定量关系，该研究工作利用丰富的黏度数据计算电导率，极大地丰富了熔体物性数据；根据修正光学碱度对 $SiO_2-CaO-Al_2O_3$ 体系的电导率进行了计算。目前，科研工作者已经对大部分非过渡金属氧化物的光学碱度 Λ 进行了实验测量，发现实验测得的光学碱度值和理论计算的光学碱度值相差不大，实际的光学碱度可以用式 1.25 计算的光学碱度近似替代：

$$\Lambda = \frac{x(CaO) \times 1 + 3x(Al_2O_3) \times 0.6 + 2x(SiO_2) \times 0.48}{x(CaO) + 3x(Al_2O_3) + 2x(SiO_2)} \quad (1.25)$$

式 1.25 中的 1、0.6 及 0.48 对应为 CaO、Al_2O_3 及 SiO_2 的光学碱度，x_i 为 i 组元的摩尔分数。

由于 Al_2O_3 存在两性行为会使含 Al_2O_3 熔体的电导率性质出现极值，光学碱度不能解释这种性质会出现极值的现象，因此理论光学碱度不能准确地预测熔体的电导率性质。张国华根据 Mills 提出的修正光学碱度 Λ^{corr} 预测熔体的电导率，针对 $SiO_2-CaO-Al_2O_3$ 三元体系，修正光学碱度 Λ^{corr} 有如下表示：

当 $x(CaO) > x(Al_2O_3)$ 时，

$$\Lambda^{corr} = \frac{[x(CaO) - x(Al_2O_3)] \times 1 + 3x(Al_2O_3) \times 0.6 + 2x(SiO_2) \times 0.48}{x(CaO) - x(Al_2O_3) + 3x(Al_2O_3) + 2x(SiO_2)}$$

$$(1.26)$$

常见的冶金熔渣基本都满足 $x(CaO) > x(Al_2O_3)$。电导率和温度满足 Arrhenius 公式：

$$\ln\sigma = \ln A - E/(RT) \tag{1.27}$$

式中　　σ ——电导率，S/cm；

　　　　A ——指前因子，S/cm；

　　　　E ——活化能，J/mol；

　　　　T ——温度，K；

　　　　R ——气体常数，数值为 8.314J/(mol·K)。

通常 Arrhenius 公式中指前因子 A 与活化能 E 满足如下关系：

$$\ln A = mE + n \tag{1.28}$$

1.4.5　高温熔体电导率与黏度关系

在高温熔体领域，Arndt[97]以 $NaPO_3 - B_2O_3$ 二元体系首次研究了电导率与黏度之间的关系，发现熔体的电导率和黏度乘积基本为定值。对于硅铝酸盐熔体，电导率和黏度是两个十分重要的传输性质，无论是实际生产还是熔体物性理论研究，都需要准确掌握电导率和黏度数据。但是熔渣体系侵蚀性强，很难在高温下精确测量，若能直接通过电导率计算黏度或者使用黏度数据计算电导率，可以极大地拓宽数据来源，尤其是可以利用丰富的黏度数据来计算电导率。但是现今有关含稀土的硅酸盐熔体电导率与黏度关系的研究比较少，需要进一步研究与探索，寻找这两种物性之间的依赖关系[38]。

电导率和黏度与温度的关系用 Arrhenius 公式描述，随着温度的增加，电导率增加而黏度减少[39]。对于一个特定体系，在某一温度下黏度和电导率关系可用下式表示：

$$\ln\eta = \ln A_\eta + \frac{E_\eta}{RT} \tag{1.29}$$

整理式 1.28 和式 1.29 得：

$$\ln\eta + a\ln\sigma = \ln A_\eta + a\ln A_\eta + \frac{E_\eta + aE_\sigma}{RT} \qquad (1.30)$$

对于一个特定成分点，指前因子和活化能为定值，若存在一个常数 a 使 $E_\eta + aE_\sigma = 0$，那么黏度的对数和电导率的对数满足线性关系并且与温度无关。

综上所述，从成分对电导率和黏度的影响来看，两者存在相反的变化趋势。从温度的角度考虑，存在使二者的对数满足与温度无关的线性关系。

Li 等[98]研究 $CaO-SiO_2-Al_2O_3-MgO$ 四元熔体电导率和黏度的关系，结合实验测得的电导率和黏度数据拟合出曲线如图 1.5 所示。拟合结果为 $\ln\eta = -0.41 - 1.14\ln\sigma$，平均偏差为 14.92%。

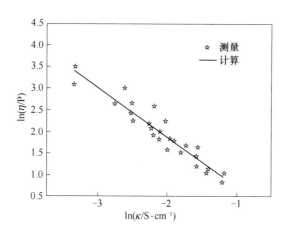

图 1.5　$CaO-SiO_2-Al_2O_3-MgO$ 体系黏度与电导率的关系

（1P = 0.1Pa·s）

1.5　稀土对高温熔体结构物性影响研究进展

1.5.1　熔体微观结构

白云鄂博尾矿玻璃陶瓷以硅酸盐为基础体系，熔体的黏度等物理性质与结构是息息相关的，黏度的变化主要是由于其结构的改变，所以对熔体结构的研究是必不可少的，并且稀土元素对硅酸盐熔体结构影响很大[99]。对于硅酸盐微结构的认识，经历了一个比较漫长的过程。最初众多学者认为是离子溶液模式或者是简单的氧化物理想模式，但是随着时代的发展以及检测手段的进一步提高，硅酸盐熔体结构被公认为是聚合作用模式[100-101]。

硅酸盐结构首先确定的是其最基本的结构单元即硅氧四面体[SiO_4]，最初认为只有这一种结构，后来随着拉曼光谱等技术的发展，通过拉曼和 NMR 等技术发现硅酸盐结构中硅氧四面体之间是有差异的。硅氧四面体[SiO_4]之间可以共用一个氧，那么硅氧四面体[SiO_4]中根据共用的氧数目不同就有了较大的差异。现今研究人员将共用的氧定义为桥氧，在 Mysen[102] 的研究中就是根据每个硅氧四面体[SiO_4]中桥氧的不同将硅酸盐的基本结构单元定义为 5 种：没有桥氧的硅氧四面体是单体，用 SiO_4^{4-} 表示；只有一个桥氧的硅氧四面体是二聚体，用 $Si_2O_7^{6-}$ 表示；含有两个桥氧的硅氧四面体是链状结构，用 $Si_2O_6^{4-}$ 表示；含有三个桥氧的硅氧四面体是层状结构，用 $Si_2O_5^{2-}$ 表示；含有四个桥氧的硅氧四面体是网络状结构，用 SiO_2 表示。同样可以根据桥氧作为标志直接代表熔体结构，即使用 Q^n（n = 0，1，2，3，4），Q 代表桥氧，n 是桥氧的数量。

硅氧四面体[SiO_4]之间通过共用一个氧就会组成一个个复杂多样的阴离子团，每个阴离子团形状大小以及复杂度存在差异，这就是硅酸盐熔体结构特点。直接分析硅酸盐阴离子团是非常难的，根据熔体的基本结构单元对硅酸盐结构进行分析。硅酸盐熔体中除去桥氧外，将硅氧四面体[SiO_4]和非四次配位的金属阳离子共用的氧称为非桥氧，只与金属阳离子相连接的氧称为自由氧，但是研究[103-104]认为只与金属阳离子连接的氧在硅酸盐熔体中无法稳定地存在，几乎可以忽略不计。所以，在硅酸盐结构的研究中主要观察熔体结构中氧的变化，以此来确定熔体的结构变化，图 1.6 是硅酸盐熔体 5 种基本结构单元示意图[105]。

熔体聚合度：在使用拉曼光谱技术对熔体结构进行检测后可以得到熔体中桥氧 Q^n 的含量信息，由此可以得到结构熔体变化情况。硅酸盐的结构是聚合作用模式，硅氧四面体根据桥氧的连接形成复杂多变的阴离子团，熔体结构阴离子团的聚合程度用熔体聚合度表示，但是在很多情况下人们并不能直接地观察到熔体结构聚合度的变化。在 Park[106] 的研究中引入了一个新的指标 Q^3/Q^2，用以作为硅酸盐网络聚合度的指标。这个指标与聚合度联系紧

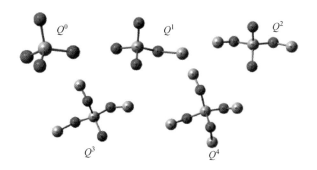

图 1.6 五种硅氧四面体微结构基本单元

(其中浅色的原子代表 Si, 深色的原子代表 O)

密, 可以反映出聚合度的变化规律, 它是基于硅酸盐单元之间的平衡反应得到的。

$$[Si_2O_5] \Longrightarrow [SiO_3] + [SiO_2] \tag{1.31}$$

$$K = \frac{[SiO_3][SiO_2]}{[Si_2O_5]} = \frac{Q^2Q^4}{Q^3} \tag{1.32}$$

其中 K 是等式的平衡常数。因此, 在给定温度下, Q^4 与 Q^3 和 Q^2 的浓度比成比例:

$$Q^4 = K\frac{Q^3}{Q^2} \Rightarrow 聚合度 \tag{1.33}$$

尤静林[107-109]在采用拉曼光谱研究熔体结构时发现金属阳离子的加入使高频区域的拉曼谱线变化明显, 不同金属阳离子对拉曼谱线的影响不相同, 熔体结构发生变化会直接影响玻璃陶瓷的物理性质。欧阳顺利等[26,110]关于硅酸盐结构研究做了大量的工作, 采用拉曼光谱技术对稀土矿渣玻璃陶瓷进行了结构研究, 结果显示与未加入稀土的玻璃陶瓷相比较, 含有稀土的玻璃陶瓷拉曼普带波数较低, 玻璃陶瓷中加入稀土对其结构影响比较大。李洪玮[111]对硅钙镁体系使用拉曼光谱技术, 研究了碱性金属对结构的影响, 发现其中碱性金属 Mg^{2+} 和 Ca^{2+} 对熔体结构的影响是不相同的, 对硅氧四面体的电荷补偿能力不同。另外对含有 Al_2O_3 的硅酸盐熔体, Al^{3+} 得到金属阳离子的电荷补偿后主要会以铝氧四面体的形式存在, 这时 Al^{3+} 是网络形成体融入到网络结构中, 当没有了电荷补偿后其形成铝氧八面体, 破坏网络结构[112]。

　　以上研究内容对本书研究 La_2O_3 对 $SiO_2-CaO-Al_2O_3-MgO$ 熔体结构的影响提供了大量的经验，为本书作者的研究工作提供了借鉴和参考。

1.5.2 稀土对硅酸盐熔体结构物性的影响

　　硅酸盐熔体物性对熔体的结构敏感性强，通过熔体结构的变化在某种程度上能够揭示物性的变化，如黏度、电导率和离子扩散等熔体行为均与熔体的网络结构特征密切相关。稀土可以通过对改变熔体的结构进而对熔体的物性产生影响[113-114]。Shimizu 等[115]研究发现 $RE_2O_3-MgO-SiO_2$（RE = Y，Gd，Nd，La）熔体的黏度随稀土氧化物含量的增加而降低，这表明稀土氧化物在高温熔体中起着复合硅酸盐阴离子网络改性剂的作用。黏度按稀土阳离子半径的顺序递减：从 Y_2O_3、Gd_2O_3、Nd_2O_3 到 La_2O_3。采用红外光谱仪研究发现随着稀土氧化物含量的增加，$1060cm^{-1}$ 处的 $Si_{4n}O_{9n}^{2n-}$ 减少，$930cm^{-1}$ 处的 $Si_2O_7^{6-}$ 增加，这意味着复合硅酸盐阴离子的聚合度随着稀土氧化物的加入而变小。德永博文等[116]由 $RE_2O_3-MgO-SiO_2$（RE = Y，Gd，Nd，La）系高温熔体的表面张力入手，调查了稀土氧化物对 $MgO-SiO_2$（RE = Y，Gd，Nd，La）系高温熔体结构产生的影响。研究表明，无论在哪种体系中，添加稀土氧化物后，其表面张力都会上升，这表明稀土氧化物在高温熔体中充当复合硅酸盐阴离子的网络改性剂。熔体的表面张力按照稀土阳离子半径的顺序（$Y_2O_3 < Gd_2O_3 < Nd_2O_3 < La_2O_3$）增加。这是因为稀土阳离子的半径越大，其供氧能力越高，在熔体表面的不饱和结合（非桥氧）就越多，则表面张力上升的效果就越明显。齊藤敬高等[117]研究了添加 RE_2O_3（RE = Y，Gd，Nd，La）对 $MgO-SiO_2$ 系熔体黏度及液相线温度的影响，并通过该体系淬冷样品的红外吸收光谱推测了其结构，分析了熔体结构与黏度的关系。研究发现 $RE_2O_3-(45.2MgO-54.8SiO_2)$ 二元体系熔体的黏度随着稀土氧化物的添加而减小，且稀土离子半径越大，黏度越小。其液相线温度随着稀土氧化物的添加而降低，且添加的稀土离子半径越大，液相线温度降低幅度越大。红外光谱研究结果表明随着稀土氧化物含量增加，熔体中硅酸盐阴离子的聚合度不断降低，RE_2O_3 在体系中表现为网络改性剂。王觅堂等[118]研究发现 Y_2O_3 会对 $Na_2O-CaO-SiO_2$ 系玻璃内每个四面体中氧的数目、非桥氧的数目及比例造成影响，同时还会使体系的高温黏度、熔制温度下降。这不仅仅是由于稀土离子的场强大，添加到体系中会造成 Si—NBO 键的键长增加、键力常数

减小；还因为 Y_2O_3 会使熔体中含非桥氧数量低的结构单元转变成含非桥氧数量高的结构单元，导致结构单元分布宽化，熔体结构混乱度增加，网络连接性降低。

1.5.3 稀土对硅铝酸盐熔体结构物性的影响

Al_2O_3 作为一种典型的两性氧化物，对硅酸盐熔体的结构和性质有着至关重要的影响，因此，硅铝酸盐熔体结构一直以来是高温熔体微结构研究中的重点。Marchi 等[119]对 60%（摩尔分数）SiO_2-20%（摩尔分数）Al_2O_3-20%（摩尔分数）RE_2O_3（RE = Y，La，Nd，Dy 和 Yb）体系的稀土硅铝酸盐进行了表征与分析，发现钇玻璃中的硅酸盐网络相对于镧玻璃具有更大程度的连通性，而其硅酸盐网络的互联性又低于镧玻璃。从结构的角度来看，镧玻璃具有混合的 SiO_2-Al_2O_3 网络。硅酸盐基团是分散的，具有低的相互连接性。对于掺杂其他稀土氧化物的玻璃，其网络主要由硅酸盐基团组成，Al^{3+} 离子优先作为配位剂，与Ⅵ和Ⅴ配位。镝玻璃具有这些玻璃中硅酸盐连接性最大的网络。

成钧等[120]研究发现少量的氧化铈掺杂可以使 CaO-Al_2O_3-SiO_2 系玻璃陶瓷的玻璃转变温度、析晶峰值温度降低，使玻璃粉体的烧结致密化。但如果掺杂量过多，则会对玻璃的烧结和晶化产生阻碍影响。材料的热膨胀系数会随着氧化铈掺杂量的增加而呈现出下降的趋势。Cai 等[100-101]研究发现 CeO_2 可以提高 CaO-SiO_2-Al_2O_3-Na_2O-CaF_2 渣和 CaO-SiO_2-Al_2O_3-Na_2O-B_2O_3 渣的熔化温度，且含 CaF_2 保护渣的熔点高于相同 CeO_2 含量的含 B_2O_3 保护渣。同时 CeO_2 还降低了含 CaF_2 保护渣和含 B_2O_3 保护渣的高温黏度，但明显提高了含 CaF_2 保护渣的结晶温度，导致保护渣在 1300℃ 时为固态，不再适合稀土合金重轨钢的连铸。CeO_2 在含 CaF_2 的保护渣和含 B_2O_3 的保护渣中起网络改性剂的作用，导致高温下黏度降低。何生平等[102]研究了 CeO_2 掺杂对 SiO_2-CaO-Al_2O_3-Na_2O-CaF_2-MgO-B_2O_3 连铸保护渣的转折温度及结晶性能的影响，结果显示：在 $w(CaO)/w(SiO_2)$ 值较低的条件下，CeO_2 掺杂量的升高会使连铸保护渣的转折温度、结晶温度呈现出先降后升的趋势；在 $w(CaO)/w(SiO_2)$ 值较高的条件下，掺杂 CeO_2 能够明显提高连铸保护渣的转折温度与凝固温度。Qi 等[103]为了抑制界面反应，改善连铸条件，设计了 CaO-Al_2O_3-SiO_2-LiO_2 新型结晶器保护渣，并发现适当添加

CeO_2 可以降低保护渣的黏度和转折温度。此外，添加 CeO_2 可避免 CaO 析出，且在新体系中不会形成稀土硅酸盐。Pei 等[104] 制备了钐掺杂的 CaO-MgO-Al_2O_3-SiO_2 系玻璃陶瓷材料，通过 XRD 分析确定了玻璃陶瓷中的透辉石晶体，用单色化的 Al-Kα 光电子能谱仪测量了玻璃陶瓷的 X 光电子能谱，检测结果表明，钐离子在玻璃陶瓷中主要处于钐（Ⅲ）态。同时拟合结果证明 Sm_2O_3 作为玻璃改性剂存在于网络中。经热处理操作后，近乎全部的 Sm^{3+} 都成为了 Ca^{2+} 的替代物，出现在了透辉石相中。王艺慈等[105] 研究发现 Ce^{4+} 可以提高 CaO-SiO_2-MgO-Al_2O_3 系透辉石玻璃陶瓷结构的稳定性。掺杂 Ce^{4+} 后，样品的玻璃化转变温度明显提高，并且体系内透辉石晶体的长大受到抑制。CeO_2 只能使热处理后的玻璃表面析晶，对析出晶相的种类无明显影响，但却会明显抑制主晶相的析出。韩建军等[121] 采用高温熔融法制备了 SiO_2-Al_2O_3-CaO-MgO 系玻璃，并向其中掺杂了 La_2O_3。就 La_2O_3 对熔体微观结构的影响进行研究后发现，La_2O_3 含量增加会导致体系网络结构中 Q^2 数量增加，Q^3 数量减少。La_2O_3 除了在体系中充当网络外体，起到降低 [SiO_4] 连接程度、增加 NBO 数量的作用外，还会填充在网络空隙中，与 NBO 聚集形成 [LaO_7]，使体系的网络结构发生变化。

1.5.4　高温熔体结构的研究方法

当前研究高温熔体结构的方法有很多种，硅酸盐类熔体结构的光谱研究方法包括拉曼光谱（Raman）[122]、傅里叶红外光谱（FTIR）[123]、魔角旋转核磁共振（MAS-NMR）[124]、X 射线光电子能谱（XPS）[125-126]、穆斯堡尔谱（MS）[127]、X 射线衍射（XRD）[128] 等技术。虽然有些检测手段只能在常温条件下应用，但可通过检测淬冷样品得到对应的高温熔体的结构信息，所以也可将其视为研究高温熔体结构的方法。

X 射线衍射（XRD）作为一种经典方法，被广泛应用于晶体结构的研究中。射线照射晶体后会发生衍射现象，这是由其点阵结构的周期性导致的。对于任意一种晶体而言，都只存在一种 X 射线衍射图与其结构相对应，且多种物质混聚也不会对该晶体的特征 X 射线衍射图谱造成影响。将样品的衍射图谱和各种标准单相物质的衍射图谱进行对比，能够分析出样品的组成相，再把各相的强度正比于其存在的量，就能够对各相进行定量分析[129-132]。

核磁共振技术（NMR）能够应用于材料微观结构的研究，特别是在考察原子所处的具体化学环境等问题方面具有独特的优势。NMR 的优势在于消耗时间短、检测精确度高、分辨率高、可定量。核磁共振波谱中，化学位移的不同能够反映出原子核所处化学环境的不同，因此，根据化学位移的变化就可以分析出处于具体化学环境下的原子核的结构信息[133-135]。

红外吸收光谱（FTIR）又被称为红外振动光谱。由于化合物中的基团只能吸收特定波长的红外光，所以红外光谱图可以用来鉴别化合物的成分以及结构。对于给定的化学键，其红外吸收频率与拉曼位移相等。因此，对于某一给定的化合物而言，其内某些峰的红外吸收波数和拉曼位移是完全相同的。但红外光的谱峰很宽，包络线不易分解，并且分辨率相对较差。因此，红外光谱经常被当作一种辅助手段去研究硅酸盐熔体的微观结构[131-132]。

X 射线光电子能谱简称 XPS，是一种以 X 射线作为光源的光电子能谱。因为原子的内层电子几乎不受所处环境的影响，所以原子的电子结合能具有很强的独特性与特征性。因而在定性的分析元素的含量以及定量的分析元素的价态时，可将其视为一种有效手段。XPS 也因其高效、迅速、准确等优点，被广泛应用于电子结构、高分子结构和链结构的检测[136-137]。

印度科学家 C. V. Raman 发现了拉曼散射效应，因而以拉曼散射效应为理论依据的拉曼光谱技术得以诞生并被广泛应用。通过对拉曼光谱进行分析，可以获取关于分子振动、转动等方面的信息[138-139]。目前，拉曼光谱技术主要应用于分子结构的研究中。为了对高温熔体进行原位研究，又在常温拉曼技术的基础上开发出了高温拉曼光谱技术。目前，使用空间分辨技术（共焦显微 HTRS）、脉冲激光累积时间分辨技术等手段均能够得到理想的拉曼散射信号。将这些方案结合后得到脉冲激光-显微共焦技术，此技术能够进一步降低高温热辐射带来的干扰。同时，陈辉等[140]还建立了累积时间分辨高温宏观拉曼，但此设备所需的检测时间较长，且其宏观加热炉在温度上存在一定限制。故又对其进行改进，建立起 SU-HTRS（T/S）累积时间分辨-共焦耦合显微拉曼。

高温拉曼光谱技术是当前研究高温熔体结构的一种重要方法，它能反映出样品在高温下的微结构的特征，揭示物质在高温条件下发生的相变和结构变化，体现其演化过程。这些信息为高温工艺过程以及材料制备过程提供了启示和新思路，具有极强的指导意义。稀土矿渣玻璃陶瓷在低温下会有结晶相析出，还需对样品进行物相结构和显微形貌分析。而高温原位检测无法保留不同温度下的结构信息，因此，针对稀土矿渣玻璃陶瓷熔体结构的研究，本书选择在不同温度下制备淬冷玻璃样品，对淬冷样品进行拉曼分析的方法来揭示 La_2O_3 对玻璃陶瓷熔体结构的影响。

1.5.5　温度对高温熔体结构影响的研究进展

虽然玻璃结构和高温熔体结构具有某些相似性，但却有本质的不同，因此，研究熔体结构必须获得高温下的结构信息。近年发展了几种高温结构测试方法，如高温拉曼谱技术可以为不同侧重点的研究提供试样中各类结构基元的振动特征等丰富的信息。运用高温拉曼谱技术研究高温熔体结构的工作取得很好的进展，如在 $CaSiO_3$ 升温过程熔体的拉曼光谱研究中，发现温度低于1500℃前发生了晶型转变，温度为1600℃时则显示熔体谱特征。蒋国昌等[141]采用高温拉曼谱技术研究不同配比的二元钠硅酸盐玻璃，发现碱金属阳离子的浓度影响结构中桥氧含量，且不同初级结构具有不同的特征峰，揭示了玻璃熔化过程中微结构的演化过程，反映出物质内部微结构单元连接的有序性和复杂性，同时也为高温熔体结构研究提供了借鉴。

除体系成分外，温度也是影响高温熔体结构的重要因素之一。王晨阳等[142]对二元钠硅酸盐玻璃及其熔体的微结构进行了高温拉曼谱技术研究，分析其升温拉曼谱图（见图1.7），发现随着温度的升高，不论是玻璃还是高温熔体，其高频波段和低频波段的包络峰均发生了偏移，尤其是高频波段的包络峰，其中心位置向低频方向偏移了约 $20cm^{-1}$。这是因为温度的升高导

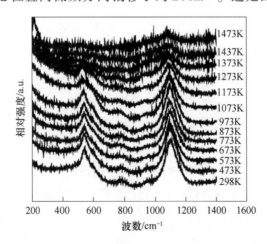

图 1.7　$Na_2O \cdot 3SiO_2$ 玻璃到熔体的升温拉曼光谱

致了 Si—O—Si 键角的分布宽泛化，从而引起谱峰宽化；还导致了 Si—O 键长的增加，从而引起了宏观上峰位的偏移，这种偏移反映出熔体结构中微结构单元类型和相对数量与温度之间的内在关系。

Wu 等[143]对 CaO-SiO$_2$ 二元熔体局部结构和不同温度下的拉曼光谱进行了理论研究。将样品以 25K/ps 的淬冷速率从 2000K 的初始温度迅速淬冷到 298K。图 1.8 比较了淬冷过程中不同温度下的拉曼光谱，发现随着温度的降低，高频和中频包络峰变得更尖锐和更窄，这表明 CaO-SiO$_2$ 二元熔体局部结构的有序度随着温度的降低而增加。对拉曼光谱进行高斯拟合解谱，发现随着温度的降低，所有频带的频率，包括包络峰和特征频带，都向高频方向移动；同时特征带频率的变化与温度呈近似线性关系。进一步研究发现随着温度的降低，Si—O$_{nb}$ 和 Si—O$_b$ 的键长均变短。

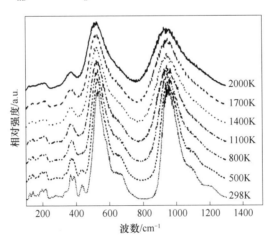

图 1.8　不同温度下 CaO-SiO$_2$ 二元熔体拉曼光谱

张晨等[144]利用高温拉曼谱技术研究了常温、高温下氟对保护渣微观结构的影响，结果表明：氟能够改变保护渣的结构形态，同时还具有调节晶体类型的重要作用。在常温晶态、常温玻璃态和高温熔融态这三种不同状态下，保护渣具有不同的微观结构。其中，常温玻璃态下，保护渣具有晶体结构；高温熔融态下，保护渣的结构并不完全无序，能够表现出一定的团簇状形态。

潘峰等[145]分别对常温下的硅铝酸盐玻璃和高温下的硅铝酸盐熔体进行了高温拉曼谱技术研究，发现随着温度的升高，800~1200cm^{-1} 波数范围内的拉曼峰向低频方向偏移，其谱峰归属 Si—O$_{nb}$ 间非桥氧对称伸缩振动。高温条件下，熔体中的 Q^4、Q^3 和 Q^2 结构单元处于动态平衡（如 $2Q^3 \Leftrightarrow Q^4 + Q^2$），且随着温度的升高，反应向右进行。

硅酸盐作为冶金生产中常见的一种高温熔体，高温拉曼谱技术已被应用到其熔体结构研究中，熔体结构变化在谱图上的表现是随着温度的升高，原子振动的无序度增加，谱峰逐渐展宽；硅酸盐熔融后，其拉曼谱呈现出包络线的特征，不同温度下峰位同样存在差异。欧阳顺利等[110]采用拉曼光谱研究-190~310℃温度范围内硅酸盐系玻璃陶瓷硅氧四面体结构的变化规律。位于网络结构边缘的 Q^2、Q^1，以及完全独立于网络结构外的 Q^0 对温度的变化更为敏感，表现出的变化也更加明显。随温度降低，位于三维硅氧四面体结构边缘具有 2~4 个非桥氧键的硅氧四面体受温度影响明显，其拉曼光谱均向高波数移动，键的力常数变强，硅氧键长变短。高温熔体物性是不同因素作用下熔体结构的表现，从高温拉曼谱图定量地获取熔体结构信息（峰位、强度、半高宽和耦合系数等），可以用来进一步研究硅酸盐等熔体的物性与熔体结构的关系。

综合以上研究可以发现，温度会对原子间键长、键能，以及团簇结构的聚合度等产生影响，进而引起宏观上峰位的偏移，反映出熔体结构的变化。同时熔体物性也受温度影响，因此，有必要开展关于不同温度下含稀土熔体结构的研究。

1.6　含稀土高温熔体物性和结构的研究意义

微量的稀土元素可以显著改变玻璃陶瓷的析晶过程，并影响着材料的组织结构和性能，在提高玻璃陶瓷综合性能和促进功能多样化方面可发挥重要作用，相关研究注重于后续的核化、晶化过程，而对其前序过程采用"黑箱"方法来处理，但对于熔融–铸造成型过程而言，重点在于工艺参数的摸索，对于高温玻璃熔体的物性、结构特征及其对后续核化、晶化过程影响的基础研究还有待完善。对于熔融法制作稀土玻璃陶瓷的过程中，研究者大多将目光聚焦在配料和晶化、核化首尾的研究过程中，对于在熔融过程中高温熔体的黏度和结构并没有太多的关注。电窑熔融过程是玻璃陶瓷生产的重要环节，该环节中电导率影响熔体的熔化效果，进而影响电窑温度场分布。电导率控制合理的熔渣体系可以减少能量消耗，节约能源和生产成本，研究稀土对高温熔体电导率的影响，对玻璃陶瓷高效生产和产品性能调控具有重要意义，为认识稀土对玻璃陶瓷熔体物性的作用机制和产品性能调控提供理论基础。

高温熔体物性对熔体的结构敏感性极强，通过熔体结构的变化，在某种程度上能够揭示物性的变化。因此，重点研究含 La_2O_3 的 $SiO_2-CaO-Al_2O_3-MgO$ 系高温熔体中硅氧四面体等基本结构单元的特征，总结 La_2O_3 对高温熔体内基本结构单元的影响规律，为认识稀土对玻璃陶瓷熔体物性的作用机制和产品性能调控提供理论基础。通过改变 $SiO_2-CaO-Al_2O_3-MgO$ 体系中 La_2O_3 含量、$w(CaO)/w(SiO_2)$ 值以及 Al_2O_3 含量来研究熔体中成分含量以及温度对熔体结构的影响规律，能够填补熔融法制作稀土玻璃陶瓷这一方法中关于熔融过程的机理性研究的缺失，且能在提高玻璃陶瓷综合性能方面发挥重要作用。

参 考 文 献

[1] 马莹，李娜，王其伟，等. 白云鄂博矿稀土资源的特点及研究开发现状 [J]. 中国稀土学报，2016，34 (6)：641-649.

[2] 刘琦，周芳，冯健，等. 我国稀土资源现状及选矿技术进展 [J]. 矿产保护与利用，2019，39 (5)：76-83.

[3] 程建忠，车丽萍. 中国稀土资源开采现状及发展趋势 [J]. 稀土，2010，31 (2)：65-69，85.

[4] 程建忠，侯运炳，车丽萍. 白云鄂博矿床稀土资源的合理开发及综合利用 [J]. 稀土，2007，28 (1)：70-74.

[5] YANG X M, ZHANG Y F, YANG X F, et al. A Geochemical study of an REE-rich carbonatite dyke at Bayan Obo, Inner Mongolia, Northern China [J]. Acta Geologica Sinica (English Edition)，2000，74 (3)：605-612.

[6] KANAZAWA Y, KAMITANI M. Rare earth minerals and resources in the world [J]. ChemInform，2006，37 (19)：1340-1343.

[7] 黄小卫，李红卫，王彩凤，等. 我国稀土工业发展现状及进展 [J]. 稀有金属，2007，31 (3)：279-288.

[8] 韩跃新，高鹏，李艳军. 白云鄂博氧化矿直接还原综合利用前景 [J]. 金属矿山，2009，44 (5)：1-5，148.

[9] 张淑会，薛向欣，刘然，等. 尾矿综合利用现状及其展望 [J]. 矿冶工程，2005，25 (3)：44-47.

[10] 王静，王晓铁. 白云鄂博矿稀土资源综合利用及清洁生产工艺 [J]. 稀土，2006，27（1）：103-105.

[11] 罗明标，杨枝，郭国林，等. 白云鄂博铁矿石中稀土的赋存状态研究 [J]. 中国稀土学报，2007，25（12）：57-61.

[12] 李建. 白云鄂博稀土资源的利用现状、主要问题及解决对策 [J]. 山西师范大学学报，2008，22（3）：76-77.

[13] 徐光宪，师昌绪，王淀佐，等. 关于保护白云鄂博矿钍和稀土资源避免黄河和包头受放射性污染的紧急呼吁 [J]. 稀土信息，2005，20（6）：448-450.

[14] 李春龙，李小钢，徐广尧. 白云鄂博共伴生矿资源综合利用技术开发与产业化 [J]. 稀土，2015，36（5）：151-158.

[15] XIE J. Enhanced mid-IR emission in $Yb^{3+}-Tm^{3+}$ co-doped oxyfluoride glass ceramics [J]. Journal of Alloys and Compounds, 2011, 509（6）：3032-3037.

[16] 徐杰，胡一晨，王中俭，等. $Pr^{3+}-Yb^{3+}$ 共掺氟氧化物微晶玻璃的显微结构及发光性能 [J]. 华东理工大学学报（自然科学版），2011，37（1）：65-70.

[17] HSIANG H I, MEI L T, YANG S W, et al. Effects of alumina on the crystallization behavior, densification and dielectric properties of $BaO-ZnO-SrO-CaO-Nd_2O_3-TiO_2-B_2O_3-SiO_2$ glass ceramics [J]. Ceramics International, 2011, 37（7）：2453-2458.

[18] GOEL A, TULYAGANOV D U. Optimization of La_2O_3 containing diopside based glass ceramic sealants for fuel cell applications [J]. Journal of Power Sources, 2010, 189（2）：1032-1043.

[19] 周志军. $CaO-MgO-Al_2O_3-SiO_2$ 系微晶玻璃基耐高温磨蚀复合陶瓷涂层的研究 [D]. 长沙：湖南大学，2007.

[20] 杨健. 含铬钢渣制备微晶玻璃及一步热处理研究 [D]. 北京：北京科技大学，2016.

[21] 王东杰. $RE_x(CO_3)_y$ 冶炼废水的膜电解处理及资源化研究 [D]. 北京：北京科技大学，2020.

[22] 刘道春，崔利军. 玻璃陶瓷的研究与发展 [J]. 陶瓷，2019，45（11）：18-24.

[23] 洪广言. 稀土发光材料的研究进展 [J]. 人工晶体学报，2015，44（10）：2641-2651.

[24] 郝全明，杨振增，孙凯宇，等. 西尾矿、粉煤灰制备微晶玻璃试验 [J]. 现代矿业，2013，32（7）：193-194.

[25] 张海军，赵万国，李发亮，等. $CaO-Al_2O_3-MgO-SiO_2$ 矿渣微晶玻璃陶瓷的制备及抗 NaOH 侵蚀性能 [J]. 稀有金属材料与工程，2015，44（增刊1）：277-280.

[26] 欧阳顺利，赵鸣，邓磊波，等. 含稀土元素的矿渣纳米晶玻璃陶瓷的光谱学研究

[J]. 光谱学与光谱分析, 2015, 35 (8): 2316-2319.

[27] 汤李缨, 程金树, 赵前. 利用几种工业废渣研制新型烧结微晶玻璃 [J]. 广东建材, 1999, 14 (9): 16-18.

[28] 肖汉宁, 邓春明, 彭文琴. 工艺条件对钢铁废渣玻璃陶瓷显微结构的影响 [J]. 湖南大学学报 (自然科学版), 2001, 28 (1): 32-36.

[29] 肖兴成, 江伟辉, 王永兰, 等. 钛渣微晶玻璃晶化工艺的研究 [J]. 玻璃与搪瓷, 1999, 27 (2): 3-5.

[30] 杜永胜, 马洁, 杨晓薇, 等. La^{3+} 和 Ce^{4+} 对尾矿微晶玻璃显微结构及性能的影响 [J]. 人工晶体学报, 2019, 48 (3): 520-527.

[31] 赵鸣, 陈华, 杜永胜, 等. 稀土微晶玻璃的研究进展 [J]. 材料导报, 2012, 26 (5): 44-47.

[32] 金迎辉, 邓再德, 英廷照. 稀土 La_2O_3 对 $Li_2O-Al_2O_3-SiO_2$ 微晶玻璃结构和性能的影响 [J]. 佛山陶瓷, 2002, 12 (7): 5-7.

[33] 邓再德, 刘丽辉, 英廷照, 等. La_2O_3 对锂铝硅系统微晶玻璃的影响 [J]. 玻璃与搪瓷, 1998, 24 (4): 7-12, 62.

[34] 谢军, 谢俊, 李淑晶. 氧化铈对锂铝硅微晶玻璃粘度和结构的影响 [J]. 武汉理工大学学报, 2009, 31 (22): 30-32.

[35] HU A M, LIANG K M, ZHOU F, et al. Phase transformations of $Li_2O-Al_2O_3-SiO_2$ glasses with CeO_2 addition [J]. Ceramics International, 2005, 31 (1): 11-14.

[36] 陈力, 于春雷, 胡丽丽, 等. 掺钴 $La_2O_3-MgO-Al_2O_3-SiO_2$ 透明微晶玻璃的制备及吸收特性 [J]. 硅酸盐学报, 2010, 38 (11): 2075-2079.

[37] 刘丽辉, 邓再德, 英廷照, 等. 含 Y_2O_3 的锂铝硅系统微晶玻璃 [J]. 玻璃与搪瓷, 1997, 26 (7): 1-7.

[38] 罗志伟, 卢安贤. Y_2O_3 含量对 $SiO_2-Al_2O_3-B_2O_3-K_2O-Li_2O$ 系统微晶玻璃的析晶及性能的影响 [J]. 中国有色金属学报, 2009, 19 (7): 1264-1269.

[39] 刘光华. 稀土材料与应用技术 [M]. 北京: 化学工业出版社, 2005: 50.

[40] SHYU J J, HWANG C S. Effects of Y_2O_3 and La_2O_3 addition on the crystallization of $Li_2O \cdot Al_2O_3 \cdot 4SiO_2$ glass-ceramic [J]. Journal of Materials Ence, 1996, 31 (10): 2631-2639.

[41] 陈华, 赵鸣, 杜永胜, 等. La^{3+} 存在形式对白云鄂博稀选尾矿微晶玻璃性能的影响 [J]. 物理学报, 2015, 64 (19): 247-254.

[42] LI C, YU C L, HU L L, et al. Effect of La_2O_3 on the physical and crystallization properties of Co^{2+}-doped $MgO-Al_2O_3-SiO_2$ glass [J]. Journal of Non-Crystalline Solids, 2013, 360 (360): 4-8.

[43] 董继鹏, 何飞, 罗澜, 等. CeO_2 对镁铝硅钛系统微晶玻璃的相变和介电性能影响 [J]. 无机材料学报, 2007, 22 (1): 35-39.

[44] 宋雪, 李亚凡, 欧阳顺利, 等. 白云鄂博尾矿含量对微晶玻璃析晶特性和性能的影响 [J]. 材料研究学报, 2020, 34 (5): 368-378.

[45] 杜永胜, 杨晓薇, 欧阳顺利, 等. 稀土 La_2O_3 对尾矿微晶玻璃显微结构和裂纹扩展行为的影响 [J]. 材料研究学报, 2018, 32 (2): 97-104.

[46] 迟玉山, 沈菊云, 陈学贤, 等. La_2O_3 在 $MgO-Al_2O_3-SiO_2-TiO_2$ 微晶玻璃中的作用 [J]. 无机材料学报, 2002, 17 (2): 348-352.

[47] HAAS S, HOELL A, WURTH R, et al. Analysis of nanostructure and nanochemistry by ASAXS: Accessing phase composition of oxyfluoride glass ceramics doped with Er^{3+}/Yb^{3+} [J]. Phys. Rev. B, 2010, 81 (18): 1248.

[48] 江露. $CaO-SiO_2-P_2O_5-FeO$ 熔渣结构与粘度的基础研究 [D]. 重庆: 重庆大学, 2015.

[49] 王承遇, 陶瑛. 玻璃性质与工艺手册 [M]. 北京: 化学工业出版社, 2014.

[50] WANG M T, HENG J S, LI M, et al. Structure and properties of soda lime silicate glass doped with rare earth [J]. Physica B: Physics of Condensed Matter, 2010, 406 (2): 187-191.

[51] SUKENAGA S, NAKATA D, ICHIK T. Viscosity of RE-Mg-Si-O-N (RE = Y, Gd, Nd and La) Melts [J]. Japan Inst. Metals, 71 (11): 1050-1056.

[52] QI J, LIU C J, ZHANG C, et al. Effect of Ce_2O_3 on structure, viscosity, and crystalline phase of $CaO-Al_2O_3-Li_2O-Ce_2O_3$ slags [J]. Metallurgical and Materials Transactions B, 2017, 48 (1): 11-16.

[53] CAI Z Y, SONG B, LI L F, et al. Effects of CeO_2 on viscosity, structure, and crystallization of mold fluxes for casting rare earths alloyed steels [J]. Metals, 2019, 9 (3): 1-9.

[54] 王德永, 刘承军, 王新丽, 等. 稀土氧化物对中间包覆盖剂粘性特征的影响 [J]. 特殊钢, 2003, 24 (3): 29-30.

[55] 王德永, 姜茂发, 刘承军, 等. 稀土氧化物对连铸保护渣粘度的影响 [J]. 中国稀土学报, 2005, 23 (1): 100-104.

[56] 向嵩, 王雨, 谢兵. 稀土氧化物对连铸保护渣物化性能的影响 [J]. 钢铁钒钛, 2003, 24 (2): 11-13.

[57] 谢军, 谢俊, 李淑晶. 氧化铈对锂铝硅微晶玻璃粘度和结构的影响 [J]. 武汉理工大学学报, 2009, 31 (22): 30-32.

[58] 李宏, 郑勇, 程金树. 稀土掺杂对 LAS 系统微晶玻璃粘度的影响 [J]. 武汉理工大

学学报，2007，29（7）：10-12，17.

[59] CHARPENTIER T，OLLIERB N，LI H. RE$_2$O$_3$ – alkaline earth – aluminosilicate fiber glasses：Melt properties，crystallization，and the network structures［J］. Journal of Non-Crystalline Solids，2018，492：115-125.

[60] VARGAS S，FRANDSEN F J，DAM K. Rheological properties of high-temperature melts of coal ashes and other silicates［J］. Progress in Energy & Combustion Science，2001，27（3）：237-429.

[61] ZHANG G H，CHOU K C，MILLS K. Modelling Viscosities of CaO–MgO–Al$_2$O$_3$–SiO$_2$ Molten Slags［J］. ISIJ International，2012，52（3）：355-362.

[62] NAKAMOTO M，LEE J，TANAKA T. A model for estimation of viscosity of molten silicate slag［J］. ISIJ International，2005，45（5）：651-656.

[63] DUCHESNE M A，BRONSCH A M，HUGHES R W，et al. Slag viscosity modeling toolbox ［J］. Fuel，2013，111（4）：38-43.

[64] URBAIN G. Viscosity of liquid silica-alumina-Na and K oxides［J］. Revue Internationale des Hautes Measurements and estimations［J］. Temperatures et des Refractaires，1985，22（1）：39-45.

[65] URBIN G，MILLON F，CARISET S. Viscosities of some silica rich liquids in the system SiO$_2$–B$_2$O$_3$［J］. Comptes Rendus Hebdomadaires des Seances de l'Academie de Sciences Serie C（Sciences Chimiques），1980，290（8）：137-140.

[66] RIBOUD P V，ROUX Y，LUCAS L D，et al. A experimental study on the binary silicate systems［J］. Metallweiterverarbei，1981，19：859-869.

[67] MILLS K C，SRIDHAR S. Viscosities of ironmaking and steelmaking slags［J］. Ironmaking & Steelmaking，1999，26（4）：262-268.

[68] 赵新宇，王晓丽，张木，等. 稀土氧化物氧离子电极化率和光学碱度［J］. 沈阳工业大学学报，2008，30（6）：658-661.

[69] 劳一桂. CaF$_2$–CaO–SiO$_2$ 电渣物理性质研究［D］. 武汉：武汉科技大学，2019.

[70] 郑联英. 水溶液电导率的测量方法研究［D］. 北京：北京化工大学，2007.

[71] 兰敬辉. 溶液电导率测量方法的研究［D］. 大连：大连理工大学，2002.

[72] 王雨，危志文，刘洋，等. 熔融保护渣的电导率研究［C］//2010 年全国冶金物理化学学术会议专辑（上册）. 2010：193-195.

[73] 杨新平，王秀峰. 高温熔体电导率测试研究进展［J］. 中国陶瓷，2010，46（11）：12-16.

[74] 劳一桂，王强，李光强，等. 冶金离子熔体电导率测定技术进展［J］. 材料导报，2019，33（11）：1882-1888.

[75] 黄有国, 赖延清, 田忠良, 等. 高温熔盐电导率测试方法 [J]. 轻金属, 2007, 10: 33-37.

[76] 贾子伦. 非线性电导率电极的研制及其测量系统的研究 [D]. 长春: 吉林大学, 2015.

[77] 刘俊昊. 氧化物熔渣电解相关基础研究 [D]. 北京: 北京科技大学, 2016.

[78] 王学思. 连铸高锰高铝钢用低反应性保护渣导电性能与微观结构的研究 [D]. 重庆: 重庆大学, 2016.

[79] SCHIEFELBEIN S L. High-accuracy electrical conductivity measurements of corrosive melts using the coaxial cylinders technique [J]. High Temperature Materials and Processes, 2001, 20 (3/4): 247-254.

[80] BARATI M, COLEY K S. Electrical and electronic conductivity of CaO-SiO$_2$-FeO$_x$ slags at various oxygen potentials: Part I. Experimental results [J]. Metallurgical and Materials Transactions B, 2006, 37 (1): 41-49.

[81] 张国华, 薛庆国, 李丽芬, 等. CaO-Al$_2$O$_3$-SiO$_2$ 熔体的电导率和离子扩散系数研究 [J]. 北京科技大学学报, 2012, 34 (11): 1250-1255.

[82] LIU J H, ZHANG G H, CHOU K C. Study on electrical conductivities of CaO-SiO$_2$-Al$_2$O$_3$ slags [J]. Canadian Metallurgical Quarterly, 2015, 54 (2): 170-176.

[83] 宋杰, 唐乃岭, 王志强, 等. BaO-MgO-Al$_2$O$_3$-SiO$_2$ 系统微晶玻璃的研究 [J]. 大连工业大学学报, 2012, 31 (1): 47-49.

[84] OGINO K, HARA S. Density, surface tension and electrical conductivity of calcium fluoride based fluxes for electroslag remelting (secondary steelmaking) [J]. Tetsu-to-Hagane, 1977, 63 (13): 2141-2151.

[85] 闫晨. 高铬合金钢电渣重熔工艺及渣金特性研究 [D]. 沈阳: 东北大学, 2015.

[86] SARKAR S B. Electrical conductivity of molten high-alumina blast furnace slags [J]. ISIJ International, 2007, 29 (4): 348-351.

[87] 豆志河, 张廷安, 姚建明, 等. CaF$_2$-CaO-Al$_2$O$_3$-MgO-SiO$_2$ 系精炼渣性能研究 [J]. 过程工程学报, 2009, 9 (增刊1): 132-136.

[88] OGINO K, HASHIMOTO H, HARA S. Measurement of the electrical conductivity of ESR fluxes containing fluoride by four electrodes method with alternating current [J]. Tetsu-to-Hagane, 2010, 64 (2): 225-231.

[89] 巨建涛, 吕振林, 焦志远, 等. CaF$_2$-SiO$_2$-Al$_2$O$_3$-CaO-MgO 五元渣系的电导率 [J]. 钢铁研究学报, 2012, 24 (8): 27-31.

[90] 陈艳梅, 赵俊学, 李慧娟, 等. 高 CaF$_2$ 渣系温度及成分变化对电导率的影响 [J]. 钢铁研究学报, 2011, 23 (4): 60-62.

[91] ZHU J H, HOU Y, ZHANG G H, et al. Electrical conductivities of high aluminum blast furnace slags [J]. ISIJ International, 2019, 59 (3): 427−431.

[92] 薛向欣, 张辉, 赵娜, 等. TiC 颗粒对 CaO−SiO$_2$−MgO−Al$_2$O$_3$−TiO$_2$ 炉渣电导率的影响 [J]. 东北大学学报, 2004, 25 (9): 870−872.

[93] BARATI M, COLEY K S. Electrical and electronic conductivity of CaO−SiO$_2$−FeO$_x$ slags at various oxygen potentials: Part Ⅱ. Mechanism and a model of electronic conduction [J]. Metallurgical and Materials Transactions B, 2006, 37 (1): 51−60.

[94] 史冠勇, 张廷安, 牛丽萍, 等. 电渣重熔用渣系的电导率估算模型 [C] //第十七届 (2013 年) 全国冶金反应工程学学术会议论文集 (下册). 2013: 473−476.

[95] 师帅, 耿鑫, 姜周华, 等. TiO$_2$ 含量对于 CaF$_2$−Al$_2$O$_3$−CaO−MgO−TiO$_2$ 五元电渣重熔渣系物性参数的影响 [J]. 工程科学学报, 2018, 40 (增刊 1): 47−52.

[96] 张国华, 周国治. 氧化物熔体电导率与粘度关系的研究 [C] //第三届中德 (欧) 冶金技术研讨会. 2011: 78−83.

[97] ARNDT K. Die elektrolytische dissoziation geschmolzener salze [J]. Berichteder Deutschen Chemischen Gesellschaft, 1907, 40 (3): 2937−2940.

[98] LI W L, CAO X Z, JIANG T, et al. Relation between electrical conductivity and viscosity of CaO−SiO$_2$−Al$_2$O$_3$−MgO system [J]. ISIJ International, 2016, 56 (2): 205−209.

[99] 成钧, 陈国华, 刘心宇, 等. 氧化铈对 CaO−Al$_2$O$_3$−SiO$_2$ 系微晶玻璃烧结和性能的影响 [J]. 中国有色金属学报, 2010, 20 (3): 6.

[100] 蔡泽云. CeO$_2$ 对稀土重轨钢保护渣物化性能的影响研究 [D]. 北京: 北京科技大学, 2019.

[101] CAI Z Y, SONG B, LI L F, et al. Effects of CeO$_2$ on melting temperature, viscosity, and structure of CaF$_2$−bearing and B$_2$O$_3$−containing mold fluxes for casting rare earth alloy heavy rail steels [J]. ISIJ International, 2019, 59 (7): 1242−1249.

[102] 何生平, 徐楚韶, 王谦, 等. CeO$_2$ 对低氟连铸保护渣转折温度和结晶性能的影响 [J]. 中国稀土学报, 2007, 25 (3): 377−380.

[103] QI J, LIU C J, LI C L, et al. Viscous properties of new mould flux based on aluminate system with CeO$_2$ for continuous casting of RE alloyed heat resistant steel [J]. Journal of Rare Earths, 2016, 34 (3): 328−335.

[104] PEI J T, CHENG J S, ZHANG G K. X−ray photoelectron spectroscopy of Sm^{3+}−doped CaO−MgO−Al$_2$O$_3$−SiO$_2$ glasses and glass ceramics [J]. Applied Surface Science, 2011, 257: 4896−4900.

[105] 王艺慈, 李伯辰, 霍晓更, 等. Ce^{4+} 掺杂对 CaO−SiO$_2$−MgO−Al$_2$O$_3$ 系透辉石微晶玻璃析晶行为的影响 [J]. 稀土, 2016, 37 (6): 95−99.

[106] PARK J H. Structure-property correlations of CaO-SiO$_2$-MnO slag derived from Raman spectroscopy [J]. ISIJ International, 2012, 52 (9)：1627-1636.

[107] 徐培苍, 李如璧, 孙建华, 等. 硅酸盐熔体分子网络分数维值的高温拉曼光谱研究 [J]. 光谱学与光谱分析, 2003, 23 (4)：721-725.

[108] 曾昊, 尤静林, 陈辉, 等. 二元碱金属硅酸盐精细结构和拉曼光谱的从头计算研究 [J]. 光谱学与光谱分析, 2007, 27 (6)：1143-1147.

[109] 尤静林. 高温无机熔体团簇结构的拉曼光谱表征 [C]//中国物理学会光散射专业委员会. 第十四届全国光散射学术会议论文摘要集. 2007：29.

[110] 欧阳顺利, 邓磊波, 刘芳, 等. 温度对 CaO-MgO-Al$_2$O$_3$-SiO$_2$ 系纳米晶玻璃陶瓷结构影响的拉曼光谱研究 [J]. 光谱学与光谱分析, 2014, 34 (7)：1869-1872.

[111] 李洪玮. 拉曼光谱分析 CaO-SiO$_2$-MgO 渣结构中 Mg 和 Ca 的影响 [C]//中国金属学会. 中国冶金——"创新创意, 青年先行"第七届中国金属学会青年学术会论文集, 2014：195-198.

[112] 莫宣学. 岩浆熔体结构 [J]. 地质科技情报, 1985, 4 (2)：21-31.

[113] 尤静林. 高温拉曼光谱创新技术、光谱计算和在无机化合物微结构研究中的应用 [D]. 上海：上海大学, 2006.

[114] 陈辉. 高温拉曼谱图的精细测定和定量化基础研究 [D]. 上海：上海大学, 2007.

[115] SHIMIZU F, TOKUNAGA H, SAITO N, et al. Viscosity and surface tension measurements of RE$_2$O$_3$-MgO-SiO$_2$ (RE = Y, Gd, Nd and La) melts [J]. ISIJ International, 2006, 46 (3)：388-393.

[116] 德永博文, 井手口悟, 清水史幸, 等. RE$_2$O$_3$-MgO-SiO$_2$ (RE = Y, Gd, Nd and La) 系融体の表面張力および窒化ケイ素との濡れ性 [J]. 日本金属学会誌, 2007, 71 (5)：445-451.

[117] 齊藤敬高, 中田大司, 梅本步, 等. MgO-SiO$_2$ 系融体の液相線温度および粘度に及ぼすRE$_2$O$_3$ (RE = Y, Gd, Nd and La) 添加の影響 [J]. 日本金属学会誌, 2005, 69 (1)：152-158.

[118] 王觅堂, 程金树, 何峰, 等. Y$_2$O$_3$ 掺杂对硅酸盐玻璃结构及其熔体黏度的影响 [J]. 硅酸盐学报, 2013, 41 (1)：115-121.

[119] MARCHI J, MORAIS D S, SCHNEIDER J, et al. Characterization of rare earth aluminosilicate glasses [J]. Journal of Non-Crystalline Solids, 2005, 351 (10/11)：863-868.

[120] 成钧, 陈国华, 刘心宇, 等. 氧化铈对 CaO-Al$_2$O$_3$-SiO$_2$ 系微晶玻璃烧结和性能

的影响 [J]. 中国有色金属学报, 2010, 20 (3): 534-539.

[121] 韩建军, 尹鹏, 谢俊, 等. La₂O₃ 对 $SiO_2-Al_2O_3-CaO-MgO$ 系统玻璃结构与性能的影响 [J]. 硅酸盐通报, 2017, 36 (1): 156-160.

[122] KASHIO S, IGUCHI Y, FUWA T, et al. Raman spectroscopic study on the structure of silicate slags [J]. Tetsu-to-Hagane, 1982, 68 (14): 1987-1993.

[123] LI T L, ZHAO C G, SUN C Y, et al. Roles of MgO and Al_2O_3 in viscous and structural behavior of blast furnace primary slag with C/S = 1.4 [J]. Metallurgical & Materials Transactions B, 2020, 51 (6): 2724-2734.

[124] LI J L, SHU Q F, CHOU K C. Structural study of glassy $CaO-SiO_2-CaF_2-TiO_2$ slags by Raman spectroscopy and MAS - NMR [J]. ISIJ International, 2014, 54 (4): 721-727.

[125] 刘德满, 刁江, 王广, 等. X 射线光电子能谱分析 $CaO-SiO_2-FeO-MgO-CrO_x$ 渣系中 Cr 的价态 [C]//第三届钒钛微合金化高强钢开发应用技术暨第四届钒产业先进技术交流会论文集. 2017: 158-162.

[126] 宋文臣, 李宏, 张勇健, 等. X 射线光电子能谱分析钒渣熟料中钒的价态 [J]. 冶金分析, 2014, 34 (4): 27-31.

[127] LI J, ZHANG C L, XU L Y, et al. Effect of iron ion on microstructure, thermal and mossbauer properties of $MgO-Al_2O_3-SiO_2$ glass ceramics system [J]. Journal of Nanoelectronics and Optoelectronics, 2019, 14 (3): 408-412.

[128] SUZUKI M, SERIZAWA H, UMESAKI N. Phase identification of crystal precipitated from molten $CaO-SiO_2-FeO_x-P_2O_5$ slag by high temperature in-situ X-ray diffraction [J]. ISIJ International, 2020, 60 (12): 2765-2772.

[129] 彭志强, 黄定策, 房丹, 等. 熔渣微观结构实验研究方法的探讨 [J]. 材料导报, 2015, 29 (增刊2): 122-124, 137.

[130] 马礼敦. X 射线晶体学的百年辉煌 [J]. 物理学进展, 2014, 34 (2): 47-117.

[131] 徐敏. 碱分解含镁硅酸盐的光谱学研究 [D]. 沈阳: 东北大学, 2014.

[132] 李红生, 杨伟超, 张明熹, 等. 玻璃结构的研究方法 [J]. 中国陶瓷, 2012, 48 (3): 1-5.

[133] 王敏. 钼酸盐晶体和熔体结构的原位高温拉曼光谱与第一性原理计算模拟研究 [D]. 上海: 上海大学, 2018.

[134] 童超. Nb₂O₅、B₂O₃ 和 Y₂O₃ 对无铅高介电纤维玻璃结构和性能的影响 [D]. 重庆: 重庆理工大学, 2016.

[135] 王占军. 含磷转炉钢渣磷选择性富集过程中的物理化学性质研究 [D]. 北京: 北京科技大学, 2017.

［136］卢炯平. X射线光电子能谱在材料研究中的应用［J］. 分析测试技术与仪器，1995，1（1）：1-12.

［137］胡林彦，张庆军，沈毅. X射线衍射分析的实验方法及其应用［J］. 河北理工学院学报，2004，26（3）：83-86，93.

［138］TEUFER G. The crystal structure of tetragonal ZrO_2［J］. Acta Crystallographica，1962，15（11）：1187.

［139］徐余幸. 拉曼光谱理论模拟及其在多相催化研究中的应用［D］. 金华：浙江师范大学，2021.

［140］陈辉，蒋国昌，尤静林，等. 高温拉曼光谱技术的实现及应用［J］. 光谱学与光谱分析，2007，27（12）：2464-2467.

［141］蒋国昌，尤静林. 用于硅酸盐熔体微结构研究的高温Ramam光谱技术［J］. 硅酸盐学报，2003，31（10）：998-1002.

［142］王晨阳，尤静林，王媛媛，等. 二元钠硅酸盐玻璃及其熔体微结构的高温拉曼光谱及核磁共振研究［J］. 光散射学报，2014，26（4）：350-355.

［143］WU Y Q，JIANG G C，YOU J L，et al. Theoretical study of the local structure and Raman spectra of $CaO-SiO_2$ binary melts［J］. Journal of Chemical Physics，2004，121（16）：7883-7895.

［144］张晨，蔡得祥，尤静林. 高温拉曼光谱在保护渣上的应用［J］. 连铸，2011（3）：6-8.

［145］潘峰，喻学惠，莫宣学，等. 架状硅酸盐矿物的Raman光谱研究［J］. 硅酸盐学报，2009，37（12）：2043-2047.

2 稀土对硅铝酸盐熔体黏度的影响

白云鄂博尾矿、粉煤灰等固体废弃物通过熔融法生产玻璃陶瓷材料过程中，在熔制过程玻璃陶瓷熔体黏度是一个十分重要的物性参数，它会极大地影响玻璃陶瓷的成型以及玻璃陶瓷成品的性能。但是现今研究主要集中在核化、晶化等工序，对高温熔体的黏度、结构研究相对较少。玻璃陶瓷以白云鄂博尾矿和粉煤灰为原料，其化学成分如表 2.1 所示[1]，白云鄂博尾矿中稀土含量（质量分数）在 4%~6% 之间，以轻稀土元素为主，轻稀土元素 La、Ce、Pr、Nd 占总稀土含量的 60% 以上。玻璃陶瓷基础化学成分以 SiO_2-CaO-Al_2O_3-MgO（SCAM）体系为主，整理后典型的基础玻璃的化学成分如表 2.2 所示。

表 2.1　稀土矿渣玻璃陶瓷原料的主要化学成分　　　（质量分数,%）

原料及成分	CaO	MgO	Al_2O_3	SiO_2	Fe_2O_3+FeO	CaF_2	K_2O	Na_2O	REO	Nb_2O_5	烧失量
尾矿	17.20	5.10	6.02	36.70	15.10	8.10	1.40	3.24	4.14	0.18	3.0
石灰石	42.08	4.45	2.09	10.02	2.78	—	—	—	—	—	38.5
粉煤灰	9.50	3.15	23.22	56.34	7.02	0.14	3.15	1.10	—	—	1.5

表 2.2　典型基础玻璃的化学成分　　　（质量分数,%）

CaO	MgO	Al_2O_3	SiO_2	Fe_2O_3	CaF_2	R_2O	REO
20.0	5.0	8.0	50.0	7.0	6.0	3.0	1.0

本章围绕稀土玻璃陶瓷高温熔体黏度开展研究工作，白云鄂博矿中稀土以轻稀土（La、Ce、Pr、Nd）为主，其中 Ce 含量最高且是变价元素，La 的含量其次。首先，使用柱体旋转法研究 La_2O_3 对 CaO-SiO_2($-Al_2O_3$)-La_2O_3 熔体黏度的影响规律，Ce 的价态对 CaO-SiO_2($-Al_2O_3$)-CeO_2 熔体黏度的影响规律；然后，在此基础上针对稀土玻璃陶瓷基础成分体系研究 La_2O_3 对 SiO_2-CaO-Al_2O_3-MgO 熔体黏度的影响规律。通过实验数据评估现有黏度模

型对本熔体体系的适用性，再通过实验数据对模型进行修正。最后，研究稀土种类（La、Ce、Pr、Nd）对 $SiO_2-CaO-Al_2O_3-MgO$ 熔体黏度的影响规律。

2.1 La_2O_3 对 $CaO-SiO_2(-Al_2O_3)-La_2O_3$ 熔体黏度的影响

为揭示稀土对 SCAM 熔体物性结构影响，首先选取 La 作为对象，以 $CaO-SiO_2-Al_2O_3$ 作为基础体系，研究 La_2O_3 对 $CaO-SiO_2-La_2O_3$ 系高温熔体黏度与结构的影响。另外，由于 La 离子和 Al 离子均为三价，为了明确 Al_2O_3 和 La_2O_3 对黏度的影响规律，研究了 La_2O_3 对 Al_2O_3 的不同替代量（$w(La_2O_3)/w(Al_2O_3)$）对 $CaO-Al_2O_3-SiO_2-La_2O_3$ 系高温熔体黏度与结构的影响，进而揭示了 La_2O_3 对硅铝酸盐高温熔体物性和结构作用机理。

2.1.1 体系设计与研究方法

以分析纯物质为原料，SiO_2、Al_2O_3、La_2O_3 在 1000℃下煅烧 10h。将 $CaCO_3$ 在 1000℃下煅烧 10h，通过煅烧后的失重确定 $CaCO_3$ 是否完全分解为 CaO[2]。按照表 2.3 中的成分进行配料。将 100g 样品装入直径为 40mm、高 70mm 的钼坩埚中，在 1540℃、3L/min 的高纯 Ar 气氛下预熔 10h，氩气经过脱氧管和变色硅胶进行脱氧和除水处理，每隔 1h 用钼棒搅拌一次。将熔化后的熔体倒入钢模中冷却，破碎至 100 目（0.15mm）以下，作为黏度实验原料。

表 2.3 玻璃陶瓷的体系设计 （质量分数，%）

编号	$w(CaO)/w(SiO_2)$	La_2O_3 含量	Al_2O_3 含量
S1		0	
S2		3	
S3		6	0
S4		9	
S5	0.5	12	
S6		0	12
S7		3	9
S8		6	6
S9		9	3

取表 2.3 中配置的样品 2g，置于铂金坩埚中。在高温管式炉中，按照上述实验条件预熔样品，其中预熔温度为 1540℃，保温结束后将样品迅速浸入水中，制备淬冷样品。通过 XRD 确定渣是否为非晶态，渣的 XRD 图谱如图 2.1 所示，淬冷后的渣为漫散射谱线特征表明样品是非晶态，几乎无晶相析出。因此，可以借助制备的非晶态玻璃样品分析高温熔体结构。拉曼光谱测试淬冷样品的拉曼谱线，测试范围是 200~1500cm^{-1}。结合目前报道的结果确定硅氧四面体结构单元 Q^n（n 是硅氧四面体中桥氧数，Q^0，Q^1，Q^2，Q^3，Q^4）的峰位，利用高斯解谱法进行解谱。

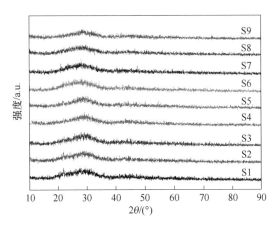

图 2.1 淬冷玻璃的 XRD 图谱

对于传统冶金来说，熔渣黏度作为高温熔体液面内摩擦力的表征物性参数，在冶金生产过程中影响渣金分离效率、结晶相生长等重要过程，是重要的熔渣性质指标之一。本实验采用美国 THETA 公司生产的高温黏度计（RHEOTRIONIC Ⅱ），工作温度为 0~1700℃（适合冶金熔渣高温熔体），黏度测试范围在 1~5000Pa·s（范围小、精度高），配备有真空泵（保证气体可控）、水冷系统。如图 2.2（a）所示，从左到右依次是程序控制系统（设备搭载的 dilasoft for windows 软件）、温度控制系统（两块温控表）、黏度测试系统（上方透明玻璃罩和下方炉内坩埚）。

实验装置原理图如图 2.2（b）所示，透明玻璃罩内主轴与转子伸入下方刚玉反应管中。反应管内装有三个冷等静压的与转子同轴心的刚玉支架以固定盛放样品的坩埚，确保转子与坩埚在轴线方向同轴心。实验开始时转子与坩埚内样品接触，转动测量黏度，通过透明玻璃罩观察转子转动情况，

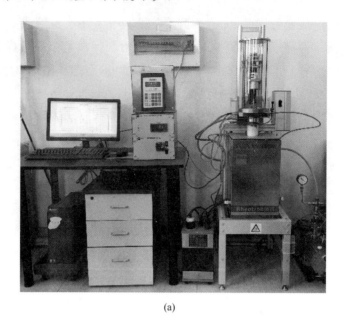

(a)

(b)

图 2.2 高温黏度计（RHEOTRIONIC Ⅱ）

（a）高温黏度计装置图；（b）高温黏度计原理示意图

dilasoft 软件记录黏度、扭矩、剪切应力、剪切速率、转速和温度。反应管与上密封盖用法兰紧密连接，接口处放置密封胶圈以防反应管内气体泄漏。高温黏度计主体是下方的高温炉体，其发热主体是 6 支 U 型 MoSi$_2$ 棒，为反应管提供长时间的高温工况。实验开始之前需要进行温度和黏度的校准。高温黏度计允许工作温度为 0~1700℃，实验过程中大部分温度在 1200~1500℃，在这个温度下高温熔体黏度对温度的变化非常敏感，相差 10℃ 物性就会发生较大变化，因此想要获得最接近预设温度的实验结果，在实验开始之前需要进行温度的校准。为确保温度准确，高温黏度计采用了两个 B 型双铂铑热电偶和两个表头对温度进行控制和采集。反应管外的控温热电偶与温控表相连，显示的是预设的程序温度，反应管内贴近坩埚的热电偶与上方的温显表相连，显示的是样品内部温度。温度校准：令一只热电偶插入反应管内，与新的温显表相连，通过对比两个温显表在同一预设程序温度下的温度来确定温差，最终确定温差为 ±1℃，与实验所需温度相差不大。黏度校准：进行黏度测试时确保高温黏度计的准确性，在 25℃ 下使用博勒飞标准油 (1.005Pa·s) 对黏度计进行校准。气体净化装置用于黏度及淬冷实验：采用 RX-100 高效脱氧管脱氧，保证气体纯度；变色硅胶脱水，保证气体干燥。

进行黏度测试实验时取 50g 预熔渣置于外径为 35mm、壁厚 2mm、高度为 80mm 的钼坩埚中。转子直径为 12mm，转子具体尺寸和在坩埚中位置如图 2.2 (b) 所示。以 10℃/min 从室温加热至 1000℃，再以 3℃/min 加热至 1540℃，保温 30min 后，从 1540℃ 开始每隔 20℃ 测量一次黏度。在每个温度点测量前，保温 30min。

2.1.2 La$_2$O$_3$ 对 CaO-SiO$_2$(-Al$_2$O$_3$)-La$_2$O$_3$ 系熔体黏度的影响

2.1.2.1 La$_2$O$_3$ 含量和 $w(La_2O_3)/w(Al_2O_3)$ 对熔体黏度的影响

CaO-SiO$_2$-La$_2$O$_3$ 和 CaO-Al$_2$O$_3$-SiO$_2$-La$_2$O$_3$ 系熔体的黏度 (η) 与温度 (T) 的关系如图 2.3 所示。CaO-SiO$_2$-La$_2$O$_3$ 系熔体中 La$_2$O$_3$ 含量与 η 的关系如图 2.3 (a) 所示，当 CaO-SiO$_2$-La$_2$O$_3$ 系熔体中添加 La$_2$O$_3$ 后，黏度显著降低。CaO-SiO$_2$-La$_2$O$_3$ 和 CaO-Al$_2$O$_3$-SiO$_2$-La$_2$O$_3$ 系熔体的黏度与 La$_2$O$_3$ 含量和 $w(La_2O_3)/w(Al_2O_3)$ 的关系如图 2.4 所示，随温度降低，渣黏度增加；当达到某一温度后，黏度迅速增加。由于稀土氧化物使硅酸盐熔化温度

降低，La_2O_3 含量增加，硅酸盐的液相线温度降低[3-5]。本书中将黏度发生突变这一温度称为黏度临界转变温度（T_c）[6-7]，T_c 与温度的关系如图 2.5 所示，$CaO-SiO_2-La_2O_3$ 系熔体中 La_2O_3 含量越高，T_c 越低。相同温度下，随着 La_2O_3 含量的增加，黏度逐渐降低。对于 $CaO-Al_2O_3-SiO_2-La_2O_3$ 系熔体，随 $CaO-Al_2O_3-SiO_2$ 系熔体中添加 La_2O_3 后，黏度呈降低趋势。$w(La_2O_3)/w(Al_2O_3)$ 与黏度的关系如图 2.4（b）所示，在高温区，相同温度下，随着 $w(La_2O_3)/w(Al_2O_3)$ 的增加，黏度逐渐降低。随温度降低，黏度逐渐升高；达到某一温度时，黏度迅速增加。另外，La_2O_3 也能够降低液相线温度，从图 2.5 的结构分析 Al_2O_3 对液相线温度作用更强，$CaO-Al_2O_3-SiO_2-La_2O_3$ 系熔体中 $w(La_2O_3)/w(Al_2O_3)$ 越大，T_c 越高。添加 La_2O_3 后能够降低硅酸盐熔体黏度，且黏度变化与 La_2O_3 添加量和 $w(La_2O_3)/w(Al_2O_3)$ 呈正比。

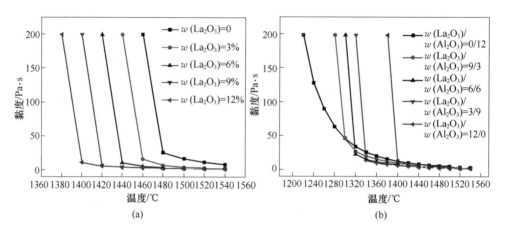

图 2.3　$CaO-SiO_2-La_2O_3$ 和 $CaO-Al_2O_3-SiO_2-La_2O_3$ 系熔体的 η 和 T 的关系

（a）$CaO-SiO_2-La_2O_3$；（b）$CaO-Al_2O_3-SiO_2-La_2O_3$

黏滞活化能是液体质点作直线运动时所必需的能量，可通过式 2.1 计算：

$$\eta = A\exp\left(\frac{E}{RT}\right) \tag{2.1}$$

式中　η——黏度；

E——活化能；

R——气体常数，8.314J/（mol·K）；

T——绝对温度。

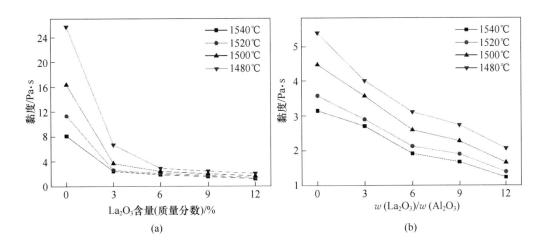

图 2.4 CaO-SiO₂-La₂O₃ 和 CaO-Al₂O₃-SiO₂-La₂O₃ 系熔体的黏度

与 La₂O₃ 含量和 $w(La_2O_3)/w(Al_2O_3)$ 的关系

（a）CaO-SiO₂-La₂O₃；（b）CaO-Al₂O₃-SiO₂-La₂O₃

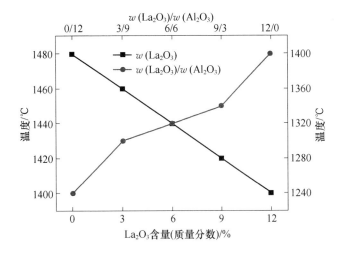

图 2.5 黏度临界转变温度（T_c）与 La₂O₃ 含量、$w(La_2O_3)/w(Al_2O_3)$ 的关系

活化能不仅与温度有关，还与熔渣内部聚合度存在联系。图 2.6 是 La₂O₃ 含量和 $w(La_2O_3)/w(Al_2O_3)$ 与 E 的关系，随渣中 La₂O₃ 含量和 $w(La_2O_3)/w(Al_2O_3)$ 增加，活化能逐渐降低。当渣中 La₂O₃ 含量逐渐增加，熔体聚合度逐渐降低，导致质点作直线运动时所必需的能量降低。熔渣内部结构的变

化导致活化能的变化，从而影响熔体的黏度；随活化能降低，渣黏度降低。

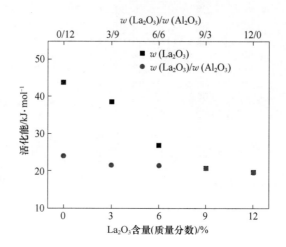

图 2.6 La$_2$O$_3$ 含量和 w(La$_2$O$_3$)/w(Al$_2$O$_3$) 与活化能的关系

2.1.2.2 La$_2$O$_3$ 含量对 CaO-SiO$_2$-La$_2$O$_3$ 系熔体结构的影响

图 2.7 是不同 La$_2$O$_3$ 含量下 CaO-SiO$_2$-La$_2$O$_3$ 渣的拉曼谱线。CaO-SiO$_2$ 渣中添加 La$_2$O$_3$ 后的拉曼谱线中对应硅氧四面非桥氧（Si—O—M）的对称伸缩振动（高频：800~1200cm^{-1}）的峰形发生变化，与未添加 La$_2$O$_3$ 相比，

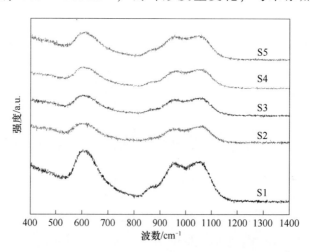

图 2.7 不同 La$_2$O$_3$ 含量下，CaO-SiO$_2$-La$_2$O$_3$ 系熔体的拉曼谱线

添加 La$_2$O$_3$ 后 Si—O—Si 和 Si—O—M 对应吸收峰强度和峰形变化显著，表明添加 La$_2$O$_3$ 后渣的结构发生变化，从而改变渣的黏度。结合目前报道的结果确定硅氧四面体结构单元 Q^n（n 为硅氧四面体中桥氧数，Q^0，Q^1，Q^2，Q^3，Q^4）的峰位[8-13]，利用高斯解谱法进行解谱。不同 La$_2$O$_3$ 含量条件下熔体的拉曼谱线分峰拟合结果如图 2.8 所示，CaO-SiO$_2$-La$_2$O$_3$ 熔体中随 La$_2$O$_3$ 含量增加，Q^3 的峰位和半峰宽变化幅度很小。而 Q^0、Q^1、Q^2 的峰位呈增加趋势，表明 Si—O 的键长变短，键强变强；半峰宽也呈增加趋势，表明添加 La$_2$O$_3$ 后网络变得更加无序，从而有利于降低熔体黏度。

图 2.9 是熔体分峰拟合后 Q^n 的相对含量（质量分数）。添加 La$_2$O$_3$ 后，渣中 Q^n 的相对含量发生明显变化，随 La$_2$O$_3$ 含量增加，Q^3 和 Q^4 的相对含量呈降低趋势，Q^2、Q^0 和 Q^1 的相对含量呈增加趋势。由于渣中 Q^3 和 Q^2 相对含量最高，Q^3 和 Q^2 的变化规律能够反映结构的变化规律。随 Q^3 相对含

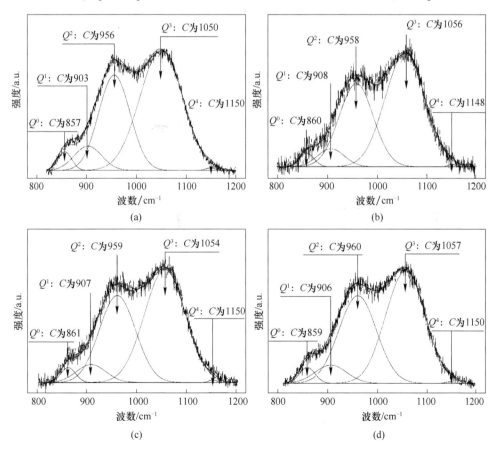

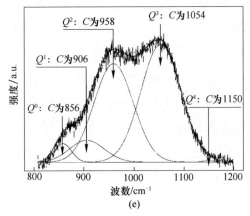

图 2.8 彩图

图 2.8 玻璃熔体拉曼谱线解谱结果

（a）$w(La_2O_3) = 0$；（b）$w(La_2O_3) = 3\%$；（c）$w(La_2O_3) = 6\%$；

（d）$w(La_2O_3) = 9\%$；（e）$w(La_2O_3) = 12\%$

C—峰位，cm^{-1}

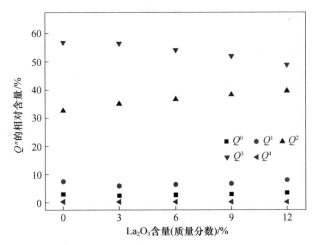

图 2.9 $CaO-SiO_2-La_2O_3$ 系熔体 Q^n 的相对含量（质量分数）

量减小，熔体聚合度逐渐降低，对应熔体黏度逐渐降低，与图 2.4（a）中的实验结果吻合。

2.1.2.3 $w(La_2O_3)/w(Al_2O_3)$ 对 $CaO-Al_2O_3-SiO_2-La_2O_3$ 系熔体结构的影响

图 2.10 是不同 $w(La_2O_3)/w(Al_2O_3)$ 下，$CaO-Al_2O_3-SiO_2-La_2O_3$ 系熔体的拉曼谱线。当 $w(La_2O_3)/w(Al_2O_3)$ 为 0/12 时，低频谱线中无明显的

峰，随 La$_2$O$_3$ 含量的增加，此处峰的强度逐渐增加。高频谱线中峰强度和峰形也发生转变。表明不同 w(La$_2$O$_3$)/w(Al$_2$O$_3$) 下熔体结构发生变化。不同 w(La$_2$O$_3$)/w(Al$_2$O$_3$) 下熔体的拉曼谱线分峰拟合结果如图 2.11 所示。如图 2.10 和图 2.8（e）所示，由于硅酸盐网络中 Al 取代 Si 的优先顺序是架状（Q^4）>层状（Q^3）>双链（Q^2）>单链（Q^1），因此，Al$_2$O$_3$ 含量的变化应该对 Q^3 的影响比较大，所以，随 w(La$_2$O$_3$)/w(Al$_2$O$_3$) 值的增加，Al$_2$O$_3$ 含量降低，Si—O 键的键长逐渐变长，Q^3 的峰位逐渐向低波数偏移。研究表明 [AlO$_4$] 的加入使网络变得更加无序，使吸收峰变宽，随 w(La$_2$O$_3$)/w(Al$_2$O$_3$) 值的降低，Al$_2$O$_3$ 含量增加，Q^3 的峰宽变宽，[AlO$_4$] 的加入使网络变得更加无序，因此，[AlO$_4$] 对 Q^3 的影响较大。随 w(La$_2$O$_3$)/w(Al$_2$O$_3$) 增加，Q^0、Q^1、Q^2 对应峰位向高频偏移，半峰宽逐渐增大，表明随 La$_2$O$_3$ 含量增加网络变得更加无序，有利于黏度降低。综上所述，La$_2$O$_3$ 和 Al$_2$O$_3$ 的替换对拉曼谱线峰位和半峰宽产生相对立的影响，La$_2$O$_3$ 和 Al$_2$O$_3$ 对熔体结构影响的强弱还需从离子场强等角度进一步分析。

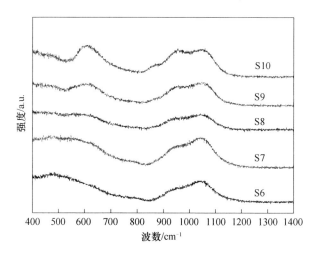

图 2.10　不同 w(La$_2$O$_3$)/w(Al$_2$O$_3$) 下，CaO-Al$_2$O$_3$-SiO$_2$-La$_2$O$_3$ 系熔体的拉曼谱线

图 2.12 是 CaO-Al$_2$O$_3$-SiO$_2$-La$_2$O$_3$ 系熔体分峰拟合后 Q^n 的相对含量（质量分数）。与 S6 条件相比，熔体中添加 La$_2$O$_3$ 后，Q^n 的相对含量发生明显变化。随 w(La$_2$O$_3$)/w(Al$_2$O$_3$) 增加，Q^3 和 Q^4 相对含量呈降低趋势，Q^0、Q^1 和 Q^2 相对含量呈增加趋势。其中，Q^3 和 Q^2 相对含量较高，随 Q^3 相对含

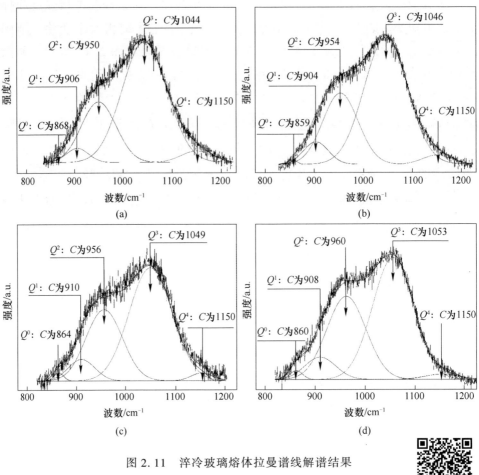

图 2.11 淬冷玻璃熔体拉曼谱线解谱结果

（a）$w(La_2O_3)/w(Al_2O_3) = 0/12$；（b）$w(La_2O_3)/w(Al_2O_3) = 3/9$；
（c）$w(La_2O_3)/w(Al_2O_3) = 6/6$；（d）$w(La_2O_3)/w(Al_2O_3) = 9/3$

图 2.11 彩图

C—峰位，cm^{-1}

量减小，熔体聚合度降低，对应熔体黏度逐渐降低，与图 2.4（b）中的实验结果吻合。在本书相关实验体系中，摩尔分数比值 $R = x(CaO)/x(Al_2O_3) > 1$，所有 Al^{3+} 均以 AlO_4^{5-} 四面体的形式存在，R 随 $w(La_2O_3)/w(Al_2O_3)$ 增加而增加，多余的 CaO 将会充当网络破坏者的角色，熔体的聚合度随着 R 的增加而减少，随 $w(La_2O_3)/w(Al_2O_3)$ 增加黏度降低[14-24]。由于添加 La_2O_3 能够降低 CaO-SiO_2-La_2O_3 的黏度，可以认为在 CaO-Al_2O_3-SiO_2-La_2O_3 中同样具有降低黏度的作用。以上分析表明，La^{3+} 与碱土金属氧化物对硅酸盐熔体黏度的作用十分相似，降低熔体的聚合度，起到网络修饰体的作用[25-29]。

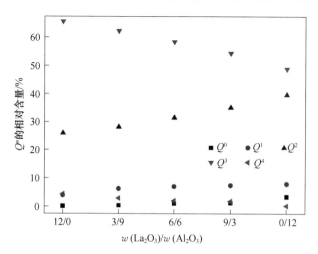

图 2.12 CaO-Al$_2$O$_3$-SiO$_2$-La$_2$O$_3$ 系熔体分峰拟合后 Q^n 的相对含量（质量分数）

另外，熔体黏度与金属阳离子半径和场强有关。Shimizu 等[25]研究表明稀土硅酸盐熔体的黏度随稀土离子的场强增加而线性增加（场强 = Z/r^2，Z 是电价，r 是离子半径）。从 Y$_2$O$_3$、Gd$_2$O$_3$、Nd$_2$O$_3$ 到 La$_2$O$_3$，黏度按阳离子半径（CFS）的顺序下降。Ramesh[30]和 Hampshire[31]等研究了 RE-Al-Si-O-N（RE＝Eu、Ce、Sm、Y、Dy、Ho 和 Er）氧化物玻璃的黏度，发现黏度和稀土氧化物的阳离子半径间存在线性关系，且这一结论也适用于其他高温熔体。因此，离子半径越大和场强越低，降低黏度的作用越强[32]。由于 La^{3+} 半径为 1.061nm[33]，Z/r^2 = 2.67，Al 离子半径为 0.0535nm[34]，Z/r^2 = 10.48，所以当 La$_2$O$_3$ 替代 Al$_2$O$_3$ 时，能够降低高温熔体的黏度，且随 w(La$_2$O$_3$)/w(Al$_2$O$_3$) 的增加，黏度逐渐降低。

Park 等[35-36]采用 Q^3/Q^2 来代表熔体的聚合度，Q^4 与 Q^3/Q^2 存在如下关系：

$$Q^4 = K_{(1)} \frac{Q^3}{Q^2} \Rightarrow 聚合度 \qquad (2.2)$$

式中 $K_{(1)}$——平衡常数。

图 2.13 是 La$_2$O$_3$ 含量和 w(La$_2$O$_3$)/w(Al$_2$O$_3$) 与 Q^3/Q^2 的关系。在 CaO-SiO$_2$-La$_2$O$_3$ 和 CaO-Al$_2$O$_3$-SiO$_2$-La$_2$O$_3$ 系熔体中，Q^3/Q^2 的变化趋势

与 La_2O_3 含量和 $w(La_2O_3)/w(Al_2O_3)$ 存在线性关系，随 La_2O_3 含量和 $w(La_2O_3)/w(Al_2O_3)$ 的增加而降低。表明 La_2O_3 在硅酸盐熔体中起降低聚合度的作用。使硅氧四面体网络结构由骨架或层状结构向链状或岛状结构转变，有利于使渣的复杂硅阳离子团结构转变为简单结构，从而降低黏度。图 2.14 是 $CaO\text{-}SiO_2\text{-}La_2O_3$ 和 $CaO\text{-}Al_2O_3\text{-}SiO_2\text{-}La_2O_3$ 系熔体中 $\ln\eta$ 和 $\ln(Q^3/Q^2)$ 之间的关系。$\ln\eta$ 和 $\ln(Q^3/Q^2)$ 呈线性增加关系。通过 Q^3/Q^2 能够反映渣黏度的变化规律。

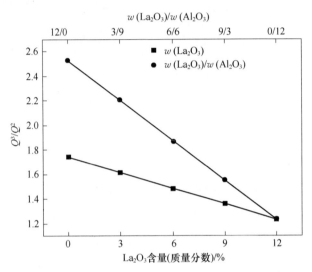

图 2.13 La_2O_3 含量和 $w(La_2O_3)/w(Al_2O_3)$ 与 Q^3/Q^2 的关系

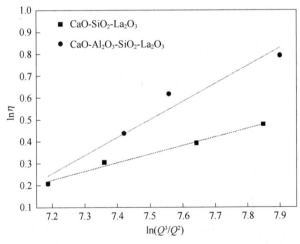

图 2.14 $CaO\text{-}SiO_2\text{-}La_2O_3$ 和 $CaO\text{-}Al_2O_3\text{-}SiO_2\text{-}La_2O_3$ 系熔体中 $\ln\eta$ 和 $\ln(Q^3/Q^2)$ 之间的关系

2.2 CeO$_2$ 对 CaO-SiO$_2$(-Al$_2$O$_3$)-CeO$_2$ 系熔体黏度的影响

由于 Ce 是变价元素，所以针对元素变价问题研究 CeO$_2$ 含量和 $w(\text{CeO}_2)/w(\text{Al}_2\text{O}_3)$ 对 CaO-SiO$_2$(-Al$_2$O$_3$)-CeO$_2$ 系高温熔体黏度与结构的影响。结合 XPS 分析熔体中 Ce^{4+} 和 Ce^{3+} 的相对含量（质量分数），采用 CO 与 C 控制反应体系氧分压的方法在 CaO-SiO$_2$(-Al$_2$O$_3$)-CeO$_2$ 熔体中获得 Ce^{3+}，并进行熔体黏度测试，对比分析熔体中 Ce^{4+} 和 Ce^{3+} 对黏度和结构的影响规律，揭示 Ce 离子对高温熔体黏度与结构作用机理。

2.2.1 体系设计与研究方法

原料准备工作与 2.1.1 节中方法完全一致，实验样品成分见表 2.4。通过 XRD（X 射线衍射）确定熔体是否为非晶态，玻璃样品的 XRD 图谱如图 2.15 所示，是漫散射谱线，表明无晶相析出。将样品破碎至 200 目（0.075mm）以下，用于拉曼光谱和 XPS（X 射线光电子能谱）测试。其中，为保证熔体中 Ce 为+3 价，采用 CO 与 C 控制反应体系氧分压，样品制备与上述方法相同，其中，气体为 3L/min 的 10%（摩尔分数）CO+90%（摩尔

表 2.4 实验样品成分及条件 （质量分数,%）

序号	$w(\text{CaO})/w(\text{SiO}_2)$	Al$_2$O$_3$	CeO$_2$	实验气体
1			0	
2			3	
3		0	6	
4			9	
5			12	高纯氩气、钼坩埚
6	0.5	12	0	
7		9	3	
8		6	6	
9		3	9	
10		0	6	10%（摩尔分数）CO+90%（摩尔分数）Ar 石墨坩埚（C）
11		6		

分数）Ar，采用石墨坩埚，实验结束后通过 XPS 确定 Ce 的价态。氩气气氛下淬冷玻璃样品的 XPS 谱线如图 2.16 所示，发现存在 Ce^{3+} 和 Ce^{4+} 的峰，表明氩气气氛下 Ce 以+3 和+4 两种价态混合存在，且 Ce^{4+} 峰的强度随 CeO_2 含量增加而逐渐增强。

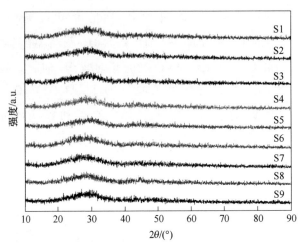

图 2.15 玻璃样品的 XRD 图谱

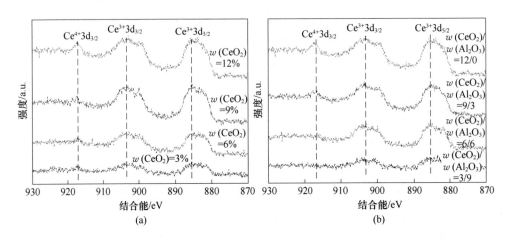

图 2.16 氩气气氛下淬冷样品的 XPS 谱线

（a）$CaO\text{-}SiO_2\text{-}CeO_2$；（b）$CaO\text{-}SiO_2\text{-}Al_2O_3\text{-}CeO_2$

当进行 CO 与 C 控制反应体系氧分压条件下黏度实验时，在钼坩埚上方放置一个石墨管（$\phi35mm\times20mm$），实验气体为 0.5mL/min 的 10%（摩尔分数）CO+90%（摩尔分数）Ar 混合气体。其他实验条件与以上黏度实验方法相同。淬冷后玻璃样品的 XPS 谱线如图 2.17 所示，几乎不存在 Ce^{4+} 峰，表明控制氧分压条件下样品中 Ce 以+3 价为主。

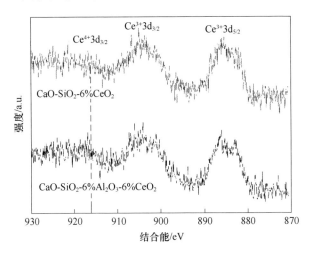

图 2.17　10%(摩尔分数)CO+90%(摩尔分数)Ar 气氛下
CaO-SiO$_2$-(6%Al$_2$O$_3$)-6%CeO$_2$ 淬冷玻璃样品的 XPS 谱线

采用拉曼光谱仪测试淬冷玻璃样品的拉曼谱线，测试范围是 200~1500cm^{-1}。其中连接两个硅氧四面体的氧称为桥氧，用 Si—O—Si 表示，连接一个硅氧四面体和一个非四次配位的金属阳离子的氧称为非桥氧，用 Si—O—M 表示。硅氧四面体结构用 Q^n 表示，n 是硅氧四面体配位离子的桥氧数，Q^n 有五种结构，分别对应 Q^4、Q^3、Q^2、Q^1、Q^0。NBO/T 表征熔体聚合度，是每个硅氧离子团中非桥氧数目。通过拉曼谱线分析硅氧四面体结构单元 Q^n 的峰位和峰型，通过分峰拟合得到 Q^n 的相对含量。Q^n 在拉曼谱线中对应的峰位如表 2.5 所示[8-13]。采用 ESCALAB250ZI 型 XPS 测试玻璃样品中 Ce 的价态，通过分峰拟合方法得到 Ce^{4+} 和 Ce^{3+} 的相对含量[37-40]。

表 2.5　拉曼谱线峰位的参数

Q^n	峰位/cm^{-1}	NBO/T 的数量
$Q^0([SiO_4]^{4-})$	850~880	4
$Q^1([Si_2O_7]^{6-})$	900~920	3
$Q^2([SiO_3]^{2-})$	950~980	2
$Q^3([Si_2O_5]^{2-})$	1040~1060	1
$Q^4(SiO_2)$	1134~1170	0

2.2.2 CeO_2 对 $CaO-SiO_2(-Al_2O_3)-CeO_2$ 系熔体黏度的影响

$CaO-SiO_2(-Al_2O_3)-CeO_2$ 系熔体的 η 与 $10000/T$ 的关系如图 2.18 所示。CeO_2 含量对 $CaO-SiO_2-CeO_2$ 系熔体黏度的影响如图 2.18（a）所示，随 CeO_2 含量增加，$\eta-10000/T$ 曲线向下方移动，表明 CeO_2 能够降低熔体黏度，随 CeO_2 含量增加，黏度逐渐降低。将 $\eta-10000/T$ 曲线发生转折的温度定义为临界转变温度 (T_c)[6-7]。CeO_2 含量与 T_c 的关系如图 2.19 所示，由于 CeO_2 能够降低熔体的熔化温度，所以随 CeO_2 含量增加，T_c 从 1480℃ 降低到 1400℃。

$w(CeO_2)/w(Al_2O_3)$ 对 $CaO-SiO_2-Al_2O_3-CeO_2$ 系熔体黏度影响如图 2.18（b）所示，随 $w(CeO_2)/w(Al_2O_3)$ 增加，$\eta-10000/T$ 曲线逐渐向下方移动，对应黏度逐渐降低。$CaO-SiO_2-Al_2O_3-CeO_2$ 系熔体的 T_c 变化规律与 $CaO-SiO_2-CeO_2$ 系熔体的 T_c 变化规律相反，随 $w(CeO_2)/w(Al_2O_3)$ 增加，T_c 由 1300℃ 增加至 1400℃。由于加入 Al_2O_3 后也会降低液相线温度，所以 T_c 由 CeO_2 和 Al_2O_3 共同决定。熔体中 Al_2O_3 含量越低，即 $w(CeO_2)/w(Al_2O_3)$ 越小，对应的 T_c 值越低，表明 Al_2O_3 降低 T_c 的作用强于 CeO_2。

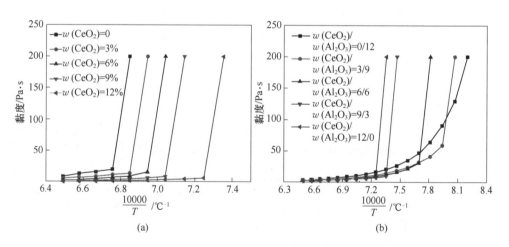

图 2.18 $CaO-SiO_2(-Al_2O_3)-CeO_2$ 系熔体的黏度与温度的关系

（a）$CaO-SiO_2-CeO_2$；（b）$CaO-SiO_2-Al_2O_3-CeO_2$

$CaO-SiO_2(-Al_2O_3)-CeO_2$ 系熔体的拉曼谱线如图 2.20 所示。CeO_2 含量和 $w(CeO_2)/w(Al_2O_3)$ 发生变化后，拉曼谱线中 Q^n 对应吸收峰的强度和峰

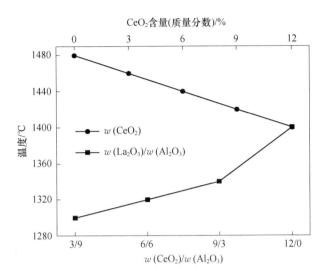

图 2.19 黏度临界转变温度（T_c）与
CeO$_2$ 含量和 w(CeO$_2$)/w(Al$_2$O$_3$)的关系

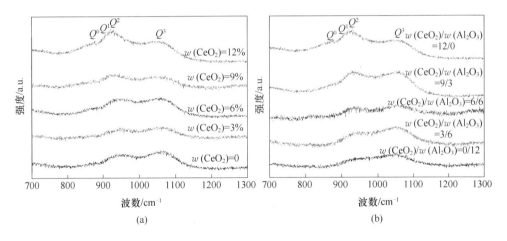

图 2.20 CaO-SiO$_2$(-Al$_2$O$_3$)-CeO$_2$ 系熔体的拉曼谱线
（a）CaO-SiO$_2$-CeO$_2$；（b）CaO-SiO$_2$-Al$_2$O$_3$-CeO$_2$

形均发生改变，尤其是 Q^2 对应峰的强度随 CeO$_2$ 含量和 w(CeO$_2$)/w(Al$_2$O$_3$)
增加而增加，表明熔体结构发生改变，进而改变熔体的黏度。熔体中 Q^n 的
相对含量如图 2.21 所示。CaO-SiO$_2$-CeO$_2$ 系熔体的 Q^n 相对含量如图 2.21
（a）所示，随 CeO$_2$ 含量增加，Q^3 和 Q^4 的相对含量降低，Q^0、Q^1 和 Q^2 相

对含量增加，表明添加 CeO_2 后 Si—O—M 数量增加，降低熔体聚合度，从而降低熔体黏度。可见，高温熔体中 CeO_2 起到了网络修饰体的作用[7,41]。

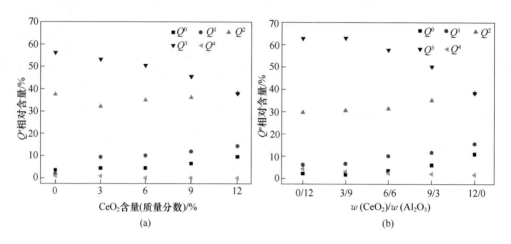

图 2.21　$CaO-SiO_2(-Al_2O_3)-CeO_2$ 系熔体的 Q^n 相对含量（质量分数）

（a）$CaO-SiO_2-CeO_2$；（b）$CaO-SiO_2-Al_2O_3-CeO_2$

$CaO-SiO_2-Al_2O_3-CeO_2$ 系熔体的 Q^n 相对含量如图 2.21（b）所示，Q^n 随 $w(CeO_2)/w(Al_2O_3)$ 的变化规律与图 2.21（a）类似，表明提高 $w(CeO_2)/w(Al_2O_3)$ 能够使 Si—O—M 数量增加，降低熔体的聚合度，从而降低熔体的黏度。另外，在本书相关实验条件下，$x(CaO)/x(Al_2O_3) > 1$，Al^{3+} 以 AlO_4^{5-} 四面体的形式存在，$x(CaO)/x(Al_2O_3)$ 随 $w(CeO_2)/w(Al_2O_3)$ 增加而增加，多余的 CaO 将会充当网络破坏的角色，因此，随着 $w(CeO_2)/w(Al_2O_3)$ 的增加，Al_2O_3 含量逐渐减少，有利于降低熔体的黏度[42-44]。由于高温熔体的黏度与金属阳离子半径存在线性关系，即金属阳离子半径越大越有利于降低黏度[28]，Ce 离子半径大于 Al 离子半径，所以，随 $w(CeO_2)/w(Al_2O_3)$ 增加，熔体聚合度逐渐降低，黏度逐渐减小。

CeO_2 含量和 $w(CeO_2)/w(Al_2O_3)$ 与 $Q^3/Q^{2[35-36]}$ 的关系如图 2.22 所示，随 CeO_2 含量和 $w(CeO_2)/w(Al_2O_3)$ 增加，Q^3/Q^2 逐渐降低，意味着熔体聚合度降低。熔体中 $\ln\eta$ 和 $\ln(Q^3/Q^2)$ 的关系如图 2.23 所示，$\ln(Q^3/Q^2)$ 与 $\ln\eta$ 呈线性关系，表明改变 CeO_2 含量和 $w(CeO_2)/w(Al_2O_3)$ 后，熔体聚合度发生变化，进而影响熔体的黏度。

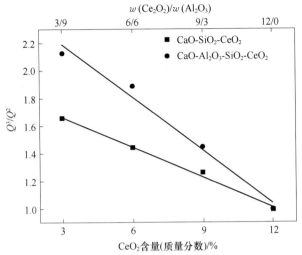

图 2.22 CeO₂ 含量和 $w(\text{CeO}_2)/w(\text{Al}_2\text{O}_3)$ 与 Q^3/Q^2 的关系

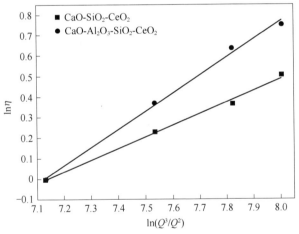

图 2.23 熔体中 $\ln\eta$ 和 $\ln(Q^3/Q^2)$ 的关系

2.2.3 Ce 的价态对熔体黏度的影响

由于 Ce 是变价元素, 可能存在 Ce^{4+} 和 Ce^{3+} 两种价态, 结合 XPS 谱线分峰拟合结果分析 Ce 价态对黏度和结构的影响。Ce^{3+} 和 Ce^{4+} 的含量及 $w(\text{Ce}^{4+})/w(\text{Ce}^{3+})$ 如图 2.24 所示。图 2.24 (a) 表明, 随 CeO₂ 含量和 $w(\text{CeO}_2)/w(\text{Al}_2\text{O}_3)$ 增加, Ce^{4+} 含量增加, Ce^{3+} 含量降低。图 2.24 (b) 表明, 随 CeO₂ 含量和 $w(\text{CeO}_2)/w(\text{Al}_2\text{O}_3)$ 增加, $w(\text{Ce}^{4+})/w(\text{Ce}^{3+})$ 呈增加趋势。通过分峰拟合得到 Ce^{3+} 和 Ce^{4+} 峰面积的相对含量, 渣的 XPS 谱线分峰拟合结果如图 2.25

所示，将所有 Ce^{3+} 和 Ce^{4+} 峰的相对含量之和作为 Ce^{3+} 和 Ce^{4+} 的相对含量。

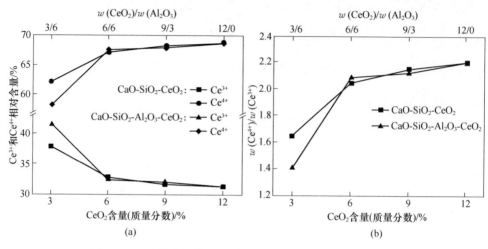

图 2.24　熔体中 Ce^{3+} 和 Ce^{4+} 的含量及 $w(Ce^{4+})/w(Ce^{3+})$

（a）Ce^{3+} 和 Ce^{4+} 的含量（质量分数）；（b）$w(Ce^{4+})/w(Ce^{3+})$

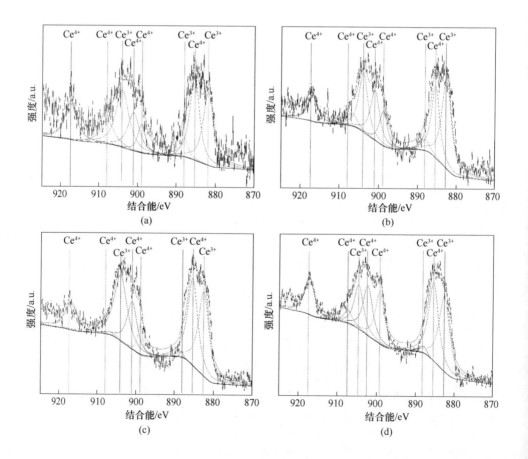

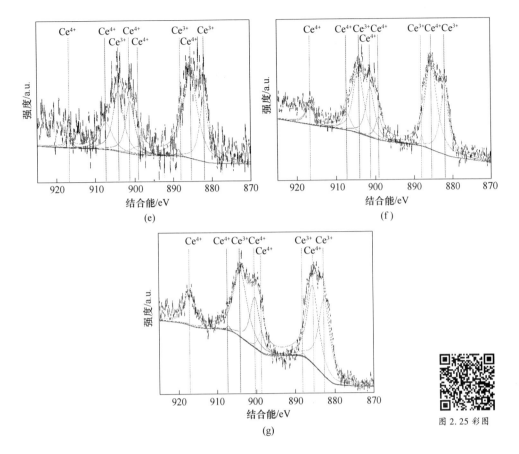

图 2.25 渣的 XPS 谱线分峰拟合结果

（a）$w(CeO_2) = 3\%$；（b）$w(CeO_2) = 6\%$；（c）$w(CeO_2) = 9\%$；（d）$w(CeO_2) = 12\%$；

（e）$w(CeO_2)/w(Al_2O_3) = 3/9$；（f）$w(CeO_2)/w(Al_2O_3) = 6/6$；（g）$w(CeO_2)/w(Al_2O_3) = 9/3$

Ce^{3+}和 Ce^{4+}对熔体结构与黏度必然会产生不同的影响，一般+4 价金属离子在熔体中作为络合阴离子，是网络的形成体，起到增加黏度的作用，如Si^{4+}、Pb^{4+}等[45-46]；+3 价金属离子在碱度较高情况下表现为酸性氧化物，在碱度较低情况下表现为碱性氧化物[47-49]。另外，离子的键强也与熔体结构和黏度存在关系[21,50-52]，Dietzel[53]和 Waseda[54]提出用阳离子与氧阴离子间的库仑力表示的参数 I 来表征不同阳离子的键强。几种典型金属离子的半径（r）和 I 如表 2.6 所示，I 计算公式如下：

$$I = \frac{2z}{(r_M + r_O)^2} \tag{2.3}$$

式中　　I——金属离子键强；

　　　　z——金属离子的电荷数；

　　　　r_M——金属离子半径；

　　　　r_0——氧离子半径。

表 2.6　金属离子半径 (r) 和键强度 (I)

金属离子	Ca^{2+}	Ce^{3+}	Fe^{3+}	Cr^{3+}	Al^{3+}	Ce^{4+}	Pb^{4+}	Si^{4+}
r	1.0	1.01	0.645	0.615	0.535	0.87	0.775	0.4
I	0.694	1.033	1.435	1.478	1.603	1.553	1.691	2.469

Ce^{4+} 的 I 小于 Si^{4+} 和 Pb^{4+} 的 I，可以认为熔体中 Ce^{4+} 在一定程度上会起到网络形成体的作用。由于 $I_{Ce^{4+}} < I_{Si^{4+}}$，所以 Ce 形成的桥氧键的变形能力大于 Si 形成的桥氧键的变形能力。相比之下，Ce^{4+} 离子形成的四面体网络的黏度比硅氧四面体网络的黏度低。另外，$CaO-SiO_2-CeO_2$ 系熔体中，随 CeO_2 含量增加，SiO_2 相对含量降低，熔体中 SiO_4^{4-} 相对含量减少同样利于黏度降低。+3 价稀土离子填充在网络空隙中，在高温熔体中起网络修饰体的作用[41,55]，随 $w(CeO_2)/w(Al_2O_3)$ 增加，熔体中 Ce^{3+} 的总量会不断增加，有利于熔体黏度降低。此外，在 $x(CaO)/x(Al_2O_3) > 1$ 时，Al^{3+} 以四面体形式融入 SiO_4^{4-} 四面体网络时需要 Ca^{2+} 补偿，使充当网络破坏的 Ca^{2+} 的数量减少，所以随 $w(CeO_2)/w(Al_2O_3)$ 增加，Al^{3+} 数量减少，充当网络破坏的 Ca^{2+} 数量增加，使熔体黏度降低。综上，熔体黏度随 $w(Ce^{4+})/w(Ce^{3+})$ 增加而降低。

为进一步明确 Ce^{3+} 和 Ce^{4+} 对熔体黏度的影响规律，对比温度为 1540℃，Ar 气氛下和控制氧分压条件下熔体黏度的变化规律。10%（摩尔分数）CO+90%（摩尔分数）Ar 条件下 $CaO-SiO_2-(6\% Al_2O_3)-6\% CeO_2$ 玻璃样品的 XPS 图谱如图 2.17 所示，熔体中 Ce 以 +3 价形式存在。图 2.26 是不同气氛下熔体的黏度与温度关系，控制氧分压条件下熔体的黏度均低于 Ar 气氛条件下熔体黏度，表明 Ce^{4+} 起到增加黏度的作用，使 Ce^{3+} 和 Ce^{4+} 混合存在条件下熔体的黏度高于 Ce^{3+} 条件下的黏度，但 Ce^{4+} 增加黏度的作用程度不大。与上述 Ce^{4+} 和 Ce^{3+} 对熔体的黏度和结构影响的分析吻合。

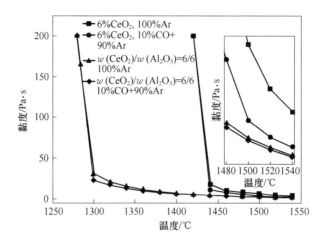

图 2.26　不同气氛下，CaO-SiO$_2$(-6%Al$_2$O$_3$)-6%CeO$_2$
熔体的黏度与温度关系

2.3　La$_2$O$_3$ 对 SiO$_2$-CaO-Al$_2$O$_3$-MgO 系
熔体黏度的影响

对于熔融法生产稀土玻璃陶瓷，研究者大多将目光聚焦在配料和晶化、核化首尾的研究过程中，对于在熔融过程中高温熔体的黏度和结构并没有太多的关注。原料成分的不同会导致高温熔体黏度和结构的变化，最终使稀土玻璃陶瓷的性能改变。本节针对稀土玻璃陶瓷的基础成分体系，设计以 SiO$_2$-CaO-Al$_2$O$_3$-MgO 系熔体为主要的研究对象，针对稀土玻璃陶瓷中 La$_2$O$_3$ 含量、x(CaO)/x(SiO$_2$) 以及 Al$_2$O$_3$ 含量的改变对 SiO$_2$-CaO-Al$_2$O$_3$-MgO-La$_2$O$_3$ 基础玻璃体系黏度和结构的影响进行研究，并且探索黏度和结构变化之间的联系以及在现有的黏度模型中选择合适的黏度模型进行优化，对此体系进行预测。

2.3.1　体系设计与研究方法

设计了以 SiO$_2$-CaO-Al$_2$O$_3$-MgO 为主的研究体系，实验配料成分方案如表 2.7 所示。实验方案主要分为三个部分，第一部分变量为 La$_2$O$_3$ 含量，第二部分变量为 x(CaO)/x(SiO$_2$)，第三部分变量为 Al$_2$O$_3$ 含量，由此探究熔体中成分含量的变化对熔体黏度的影响。因为尾矿和粉煤灰的成分虽然以 SiO_2-CaO-Al_2O_3-MgO 体系为主，但是还存在其他的元素，为了排除其他因素的干扰，采用分析纯试剂配置熔体样品，所有的分析纯试剂都是采用阿拉丁试剂。其中原料所需要的 CaO 由 Ca_2CO_3 在马弗炉中 1100℃ 条件下烧制 10h，通过失重确定 Ca_2CO_3 是否完全分解为 CaO。

表 2.7　实验方案　　　　　　　　　　　　（摩尔分数，%）

序号	CaO	SiO$_2$	MgO	Al$_2$O$_3$	La$_2$O$_3$
1	25.51	61.22	8.12	5.10	0
2	25.38	60.92	8.12	5.08	0.50
3	25.26	60.61	8.08	5.05	1.00
4	25.13	60.31	8.04	5.03	1.50
5	25.00	60.00	8.00	5.00	2.00
6	24.87	59.69	7.96	4.97	2.50
7	17.00	68.00	8.00	5.00	2.00
8	30.16	54.84	8.00	5.00	2.00
9	35.00	50.00	8.00	5.00	2.00
10	26.06	62.55	8.34	1.04	2.00
11	25.52	61.25	8.17	3.06	2.00
12	24.50	58.80	7.84	6.86	2.00
13	24.02	57.65	7.69	8.65	2.00

熔体的黏度测试主要分为两步：

第一步先按照表 2.7 中所设计好的样品组成进行称量，配 50g 样品得到样品配合料，将配合料混匀后装入高 80mm、外径为 35mm、壁厚 2mm 的 Mo 坩埚中。将坩埚放在炉管外径为 90mm 的高温管式炉的恒温区进行升温（室温~1000℃升温速率为 10℃/min，1000~1300℃升温速率为 5℃/min，1300~1550℃升温速率为 3℃/min），升温结束后在 1550℃中进行预熔，预熔时间为 10h。在整个预熔过程中始终通入氩气作为保护性气体，采用 RX-100 高效脱氧管脱氧，保证气体纯度；变色硅胶脱水，保证气体干燥，通入气体流量为 2L/min。同时每隔 1h 使用钼棒搅拌一次，在保温时间结束、熔体完成澄清均化后，迅速取出坩埚进行冷却，用于黏度测量。

熔体黏度检测的第二步是使用柱体旋转法检测熔体黏度，熔体的黏度测试采用图 2.2 所示的 RHEOTRNIC Ⅱ 黏度计。当进行黏度测试时，为保证黏度计的准确性，在 25℃ 下使用标准油（1.005Pa·s）对黏度计进行校准。熔炉加热至 1550℃（室温 ~1000℃ 升温速率是 10℃/min，1000~1400℃ 升温速率是 5℃/min，1400~1550℃ 升温速率是 3℃/min），并在此温度下保持 30min，以确保熔融熔体均匀。实验过程中使用纯氩气作为实验保护气体，气体流量为 0.5L/min。当温度达到 1550℃，降低主轴使转子浸入到熔体中间，即尖端距离坩埚底部 5mm，当 1550℃ 保温时间结束后，进行黏度测量。从 1550℃ 每降低 25℃ 将测量温度保持 30min，然后进行黏度测量 2min，每隔 5s 记录一次数据，当黏度达到 200Pa·s 时结束黏度测量，取平均值作为熔体的黏度。

熔体黏度变化与微观结构是密不可分的，为研究高温状态的熔体结构，需要制备保留熔体高温结构信息的淬火样品。Mysen 等[55] 证实淬火后结构单元的变化可以忽略不计，并且淬火样品的结构特征适用于熔融状态。因此分析淬火玻璃的网络结构是研究熔融态的一种可行方法。为获得熔体高温条件下的结构，需要制备淬火样品。淬火样品的制备是使用 HTRV 高温气氛炉，在样品制备过程中使用分析纯试剂按照表 2.7 成分配置 0.5g 样品放入铂金纸中，放在底部有小孔的刚玉坩埚中，并用钼丝悬挂于气氛炉恒温区内，当加热至 1550℃ 后（室温 ~1000℃ 升温速率为 7℃/min，1000~1550℃ 升温速率为 5℃/min）保温 10h，整个过程中使用流量为 2L/min 的氩气作为保护气体。当保温时间结束后，打开炉体上下炉盖，剪断钼丝，坩埚掉入水中迅速冷却进行淬火得到淬火样品。图 2.27 是高温气氛炉示意图。

淬火样品的物相鉴定使用 X 射线衍射仪（XRD），XRD 对不同的晶体物质有着不同的 X 射线衍射峰和不同的衍射峰位置，通过 XRD 可以进行物质的定性和定量分析。在本书中对淬火样品进行 XRD 分析，确定其为非晶态，也就是 XRD 检测结果没有明显结晶峰，说明淬火样品制备成功。将淬火样品磨碎至 200 目以下，利用 XRD 进行检测，结果如图 2.28 所示，无明显结晶峰，表明没有晶相析出，样品为玻璃态。

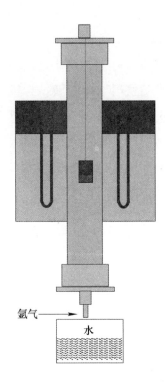

图 2.27 高温淬火管式炉示意图

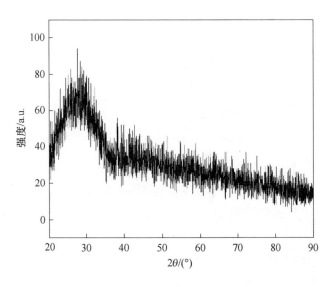

图 2.28 1 号淬火样品的 XRD 谱线

2.3.2 La$_2$O$_3$ 对 SiO$_2$-CaO-Al$_2$O$_3$-MgO 系熔体黏度的影响

2.3.2.1 La$_2$O$_3$ 含量对熔体黏度的影响

图 2.29 是 $x(CaO)/x(SiO_2)$ 为 0.4，MgO 含量（摩尔分数）为 8%，Al$_2$O$_3$ 含量（摩尔分数）为 5%，La$_2$O$_3$ 含量（摩尔分数）分别为 0、0.5%、1.0%、1.5%、2.0%、2.5%时的黏度随温度变化曲线。由黏度-温度曲线可知相同 La$_2$O$_3$ 含量时，熔体黏度随着温度的降低而升高，这是因为黏度对温度有着很强的相关性，温度升高导致流动单元之间的相互作用减弱，使得黏度降低。在温度高于 1350℃时，随着温度的升高，黏度的变化量比较小。以 La$_2$O$_3$ 含量（摩尔分数）为 2%为例，温度由 1550℃ 降低到 1350℃，黏度由 1.98Pa·s 增加至 14.48Pa·s，变化程度较小。当温度在 1350℃ 以下时，黏度随温度的降低迅速增加，温度由 1350℃ 降低到 1200℃，黏度由 14.48Pa·s 增加至 158.32Pa·s，变化程度较大。这是因为熔体析晶量增加使得黏度增加明显，直到最后随温度的降低，熔体转变为固体。

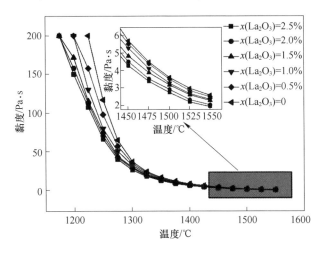

图 2.29　不同 La$_2$O$_3$ 含量下，黏度随温度变化曲线

随着 La$_2$O$_3$ 含量的增加，黏度-温度曲线向下方移动。当加入 La$_2$O$_3$ 以后，其他成分不变时，熔体的黏度降低，说明 La$_2$O$_3$ 含量增加会降低熔体黏度。由图 2.29 可以发现高温时黏度-温度曲线非常接近，为了更好地观察高温时的黏度变化作图 2.30，观察 1450~1550℃ 的黏度变化情况。由图 2.30

可以观察到黏度随着 La_2O_3 含量的增加而降低，黏度的变化趋势明显。以 1450℃ 为例，La_2O_3 含量（摩尔分数）由 0 增加至 2%，黏度由 5.70Pa·s 降低为 4.16Pa·s，黏度降低趋势明显，说明 La_2O_3 含量的增加降低了 SiO_2-CaO-Al_2O_3-MgO 系熔体的黏度。

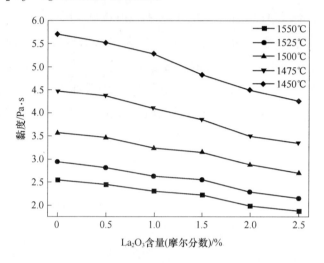

图 2.30　不同温度的黏度随 La_2O_3 含量的变化曲线

在含有铝的硅酸盐熔体中，阳离子的尺寸远小于铝氧络离子和硅氧络离子的尺寸，那么铝氧络离子和硅氧络离子想要移动就需要更大的能量，于是在熔体中对流动性能影响最大的是铝氧络离子和硅氧络离子这些结构单元。增加温度对熔体的影响主要是熔体中的结构单元会使得结构单元中的动能增加，并且会让具备活化能的结构单元增多，从而降低黏度，不能让熔体结构单元所需的活化能减少。大量实验及研究结果可知：牛顿流体的黏度与温度之间满足 Arrhenius 关系，使用式 2.1 计算。图 2.31 是 La_2O_3 含量对熔体黏流活化能的影响，La_2O_3 含量为 0 的时候熔体的活化能较高；当加入 La_2O_3 后，熔体的活化能迅速降低；之后再加入 La_2O_3，活化能减少的趋势降低。这说明添加 La_2O_3 有效地降低了黏流活化能。随着 La_2O_3 添加量的加大，熔体的黏流活化能降低，与黏度的变化趋势相同。

2.3.2.2　$x(CaO)/x(SiO_2)$ 对熔体黏度的影响

图 2.32 是 MgO 含量（摩尔分数）为 8%、Al_2O_3 含量（摩尔分数）为 5%、La_2O_3 含量（摩尔分数）为 2.0%、$x(CaO)/x(SiO_2)$ 分别为 0.25、

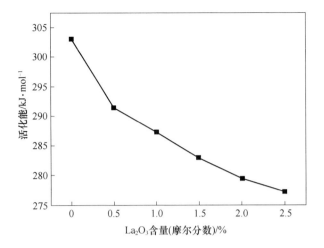

图 2.31 La$_2$O$_3$ 含量对熔体黏流活化能的影响

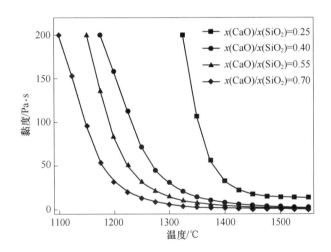

图 2.32 不同 $x(CaO)/x(SiO_2)$ 下，黏度与温度的关系曲线

0.4、0.55、0.7 时的黏度变化曲线。由 $x(CaO)/x(SiO_2)$ 与黏度的关系曲线可知：随着温度的降低，黏度升高；在整条黏度-温度曲线上没有明显的转折点；随着 $x(CaO)/x(SiO_2)$ 的升高，黏度曲线向下方移动，变化趋势明显。为了更好地分析 $x(CaO)/x(SiO_2)$ 对黏度的影响作图 2.33，得到 $x(CaO)/x(SiO_2)$ 与黏度的关系曲线。由图 2.33 $x(CaO)/x(SiO_2)$-黏度曲线可以观察到黏度随着 $x(CaO)/x(SiO_2)$ 的增加迅速降低，尤其是 $x(CaO)/x(SiO_2)$ 由 0.25 增加至 0.4 时，黏度降低程度非常明显。以 1450℃为例，$x(CaO)/$

$x(SiO_2)$ 由 0.25 增加至 0.4 时，黏度由 17.58Pa·s 降低为 4.49Pa·s；$x(CaO)/x(SiO_2)$ 由 0.4 增加至 0.7 时，黏度由 4.49Pa·s 降低为 1.20Pa·s。

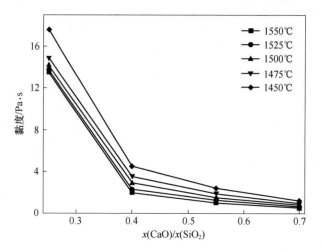

图 2.33 $x(CaO)/x(SiO_2)$ 与黏度的关系曲线

图 2.34 是 $x(CaO)/x(SiO_2)$ 对活化能的影响曲线图，可知 $x(CaO)/x(SiO_2)$ 为 0.25 时，熔体的活化能最高；$x(CaO)/x(SiO_2)$ 增加为 0.4 时，活化能迅速减小；当 $x(CaO)/x(SiO_2)$ 由 0.4 增加至 0.7 时，熔体的活化能变化趋势减小。据此可以推断出：较高的 $x(CaO)/x(SiO_2)$ 可能会降低硅酸盐网络结构的聚合度。活化能的变化规律与黏度的变化规律相同。

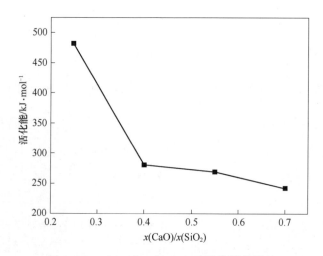

图 2.34 $x(CaO)/x(SiO_2)$ 对活化能的影响

2.3.2.3 Al$_2$O$_3$ 含量对熔体黏度的影响

图 2.35 是 $x(\text{CaO})/x(\text{SiO}_2)$ 为 0.4、MgO 含量(摩尔分数)为 8%、La$_2$O$_3$ 含量(摩尔分数)为 2%、Al$_2$O$_3$ 含量(摩尔分数)分别为 1%、3%、5%、7%、9% 时的黏度曲线。由图 2.35 黏度-温度曲线可以观察到 Al$_2$O$_3$ 含量相同时,熔体黏度随着温度的升高而降低。当 Al$_2$O$_3$ 含量(摩尔分数)为 1% 时,黏度-温度曲线存在明显的转折点。随着熔体中 Al$_2$O$_3$ 含量不断地增加,熔体黏度-温度曲线的转折点对应温度逐渐降低,这是因为 Al$_2$O$_3$ 含量改变了熔体的析晶温度,析晶温度降低导致黏度-温度曲线转折点向低温方向偏移。不同温度范围内黏度-Al$_2$O$_3$ 含量关系如图 2.36 所示,由图 2.36 可以观察到黏度随着 Al$_2$O$_3$ 含量的增加而增加,黏度的变化趋势明显,Al$_2$O$_3$ 含量的增加使 SiO$_2$-CaO-Al$_2$O$_3$-MgO 系熔体的黏度增加。

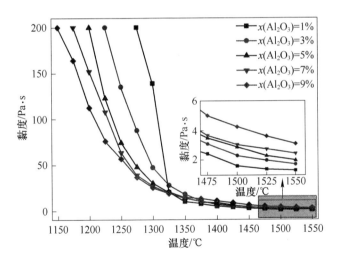

图 2.35 不同 Al$_2$O$_3$ 含量的黏度随着温度变化曲线

图 2.37 是 Al$_2$O$_3$ 含量对熔体黏流活化能的影响,由图 2.37 可以观察到 Al$_2$O$_3$ 含量(摩尔分数)为 1% 的时候,熔体的活化能最低;当加入 Al$_2$O$_3$ 后,熔体的活化能增加,即熔体结构单元流动所需要的最低能量增加,熔体的流动性变差,黏度增加。活化能的变化规律与黏度的变化规律相同。

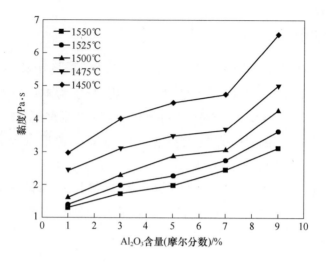

图 2.36　黏度随 Al_2O_3 含量的变化曲线

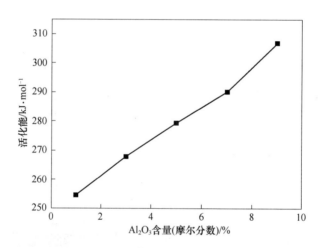

图 2.37　Al_2O_3 含量对熔体黏流活化能的影响

2.4　黏度模型的选取与修正

熔体的黏度是玻璃陶瓷的熔制过程中十分重要的一个物理性质，对玻璃陶瓷的生产有重要意义，黏度可以直接影响玻璃陶瓷熔制成型进而影响玻璃陶瓷的性能。目前，关于 $SiO_2 - CaO - Al_2O_3 - MgO - La_2O_3$ 系熔体的黏度研究比较少，同时因为高温熔体体系较多、组元变化复杂，以及高温黏度的实验条件要求高，在现实中很难实现大量熔体黏度的实际测量，从而需要一种方法能够不进行实验就可以得到相对准确的黏度，这种方法就是使用黏度模型对黏度进行预报。

2.4.1 黏度模型对比分析

目前，已经建立了许多的黏度模型，并且这些模型可以对一些熔体的黏度进行准确预报。这些模型大多是经验模型或是半经验模型，用数学函数来描述熔体的温度、组分以及黏度的相互关系。下面对常用的几种熔体模型进行分析比较。

Urbain 模型是最早的熔体黏度模型之一，它是基于 Weymann-Frenkel 方程建立的，将熔体中的氧化物分为 3 类，由于针对不同体系其参数不同，使得其对常规的 $SiO_2-Al_2O_3-CaO-MgO$ 四元系预报效果较好，但局限性是不同的渣系对应不同的模型参数而无法将同一套参数应用于所有渣系。Riboud 模型也是基于 Weymann-Frenkel 液体动力学理论建立的，是通过大量黏度数据拟合提出的一个纯经验模型。这个模型方便计算在流体状态下的硅酸盐熔体黏度，对含 K_2O、Na_2O 的渣系预报效果要好于其他模型，但是适用的温度和成分范围比较窄。KTH 模型是基于 Eyring 理论建立的，此模型只对离子状态适用，对于复杂的熔体结构不适用。Iida 模型是将碱度和黏度相联系而建立的，对于高炉渣黏度可以很好地进行预报，但是范围较窄，仅限于少量简单体系。NPL 模型在对工业炉渣的黏度预报中应用较多，对不含 Fe 的熔体可以获得一些预报效果，但都存在一定的误差。

Urbain 模型、Riboud 模型以及 NPL 模型结构简单，适用的范围比较广，所以，本书使用 Urbain 模型、Riboud 模型以及 NPL 模型进行计算。

2.4.1.1 Riboud 模型计算

Riboud 模型是一个纯经验模型，其将常见的氧化物分为 5 类，通过不同的摩尔分数进行黏度计算。

$$x_A = x(SiO_2) + x(PO_{2.5}) + x(TiO_2) + x(ZrO_2)$$
$$x_B = x(CaO) + x(MgO) + x(FeO_{1.5}) + x(MnO) + x(BO_{1.5})$$
$$x_{Al} = x(Al_2O_3) \qquad (2.4)$$
$$x_F = x(CaF_2)$$
$$x_R = x(Na_2O) + x(K_2O)$$

$$\eta = AT\exp(B/T) \qquad (2.5)$$

式中 η——熔体黏度，$0.1\mathrm{Pa \cdot s}$；

    A——指前因子；

    T——绝对温度，K；

    B——黏滞活化能；$\mathrm{J/mol}$。

A 和 B 通过计算可得：

$$A = \exp(-17.51 + 1.73x_A + 5.82x_F + 7.02x_R - 33.76x_{Al})$$

$$B = 31140 - 23896x_A - 46356x_F - 39159x_R + 68833x_{Al}$$

本书中所研究的熔体黏度在温度低于 1723K 后可能会出现析晶的现象导致高温熔体为非牛顿流体，所以，在模型计算过程中直接使用 Riboud 模型对温度为 1723～1823K 阶段每 25K 计算一次黏度值，对 $SiO_2 - CaO - Al_2O_3 - MgO - La_2O_3$ 系熔体进行黏度预测，其结果如表 2.8 所示（在计算过程中取值范围为 0～8Pa·s）。图 2.38 为黏度的实测值与 Riboud 模型计算值进行对比的结果，可知 Riboud 模型的计算值与实测值存在偏差，考虑实验误差，认为实测值和 Riboud 模型计算的黏度值误差较大。

表 2.8 $SiO_2 - CaO - Al_2O_3 - MgO - La_2O_3$ 系熔体 Riboud 模型计算黏度 （0.1Pa·s）

温度/K	1	2	3	4	5	6	7	8	9	10	11	12
1823	31.58	30.38	29.23	28.12	27.05	26.02	15.03	8.67	19.69	23.14	31.41	36.24
1798	38.16	36.68	35.26	33.89	32.58	31.32	17.94	10.25	23.17	27.56	38.25	44.61
1773	46.35	44.53	42.77	41.08	39.46	37.90	21.52	12.19	27.40	32.98	46.85	55.24
1748	56.64	54.36	52.18	50.08	48.07	46.14	25.95	14.56	32.56	39.70	57.74	68.83
1723	69.63	66.78	64.04	61.42	58.90	56.49	31.48	17.50	38.89	48.04	71.60	86.34

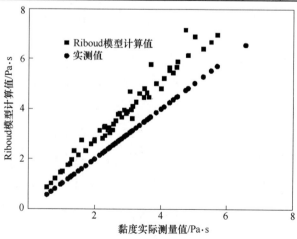

图 2.38 黏度的实测值与 Riboud 模型计算值对比图

黏度模型计算结果的准确性是以误差的形式体现的，使用式 2.6 评估计算值与实测值的误差，计算结果表明 Riboud 模型的计算值与实测值的最小误差为 11.52%，最大误差为 52.89%，平均误差为 33.28%。

$$\Delta = \frac{1}{N} \sum_n \frac{|\eta_s - \eta_j|}{\eta_s} \times 100\% \qquad (2.6)$$

式中　Δ——误差；

　　　N——实验测量数据点数；

　　　η_s——实测黏度值；

　　　η_j——模型计算的黏度值。

2.4.1.2　Urbain 模型计算

Urbain 模型黏度的计算式如下：

$$\eta = AT\exp\left(\frac{1000B}{T}\right) \qquad (2.7)$$

式中　T——绝对温度；

　　　A——指前因子；

　　　B——黏流活化能。

A 和 B 之间有如下关系：

$$-\ln A = mB + n \qquad (2.8)$$

结合大量的统计数据，Urbain 模型得出的 m 和 n 的平均值为 0.293 和 11.571。Urbain 模型中 B 的计算将氧化物分为 3 类，可表示为：

（1）酸性氧化物：$x_G = x(SiO_2) + x(P_2O_5)$。

（2）碱性氧化物：$x_M = \sum x(M_xO)$。

（3）两性氧化物：$x_A = x(Al_2O_3) + x(B_2O_3)$。

活化能 B 用以下公式进行计算：

$$B = B_0 + B_1 x_G + B_2 x_G^2 + B_3 x_G^3 \qquad (2.9)$$

$$B_i = a_i + b_i^M \alpha + c_i^M \alpha \quad (i = 0 \sim 3) \qquad (2.10)$$

$$\alpha = \sum x_M / (\sum x_M + x_A) \qquad (2.11)$$

利用式 2.9~式 2.11 计算 B_M，然后计算 B 的值：

$$B = \frac{\sum x_M \cdot B_M}{\sum x_M} \tag{2.12}$$

使用 Urbain 模型对 1723~1823K 阶段每 25K 计算一次黏度值，对 SiO_2-CaO-Al_2O_3-MgO-La_2O_3 系熔体进行黏度预测，其中，参数 m、n 为 0.293、11.571，计算结果如表 2.9 所示（在计算过程中取值范围为 0~8Pa·s）。为更好地观察其预测结果作图 2.39，图 2.39 为黏度的实测值与 Urbain 模型计算值进行对比的结果，由图 2.39 可知 Urbain 模型的计算值与实测值有一定的误差，认为实测值和 Urbain 模型计算的黏度值误差较大。

表 2.9　SiO_2-CaO-Al_2O_3-MgO-La_2O_3 系熔体 Urbain 模型计算黏度　　（0.1Pa·s）

温度/K	1	2	3	4	5	6	7	8	9	10	11	12
1823	19.08	18.20	17.37	16.59	15.85	15.15	8.61	5.47	9.75	12.82	18.66	21.13
1798	23.20	22.10	21.06	20.09	19.17	18.30	10.22	6.41	11.62	15.40	22.67	25.77
1773	28.37	26.98	25.68	24.46	23.30	22.22	12.20	7.54	13.91	18.60	27.70	31.61
1748	34.90	33.15	31.50	29.95	28.50	27.14	14.63	8.92	16.76	22.60	34.05	39.01
1723	43.20	40.96	38.87	36.91	35.06	33.34	17.65	10.60	20.30	27.62	42.12	48.45

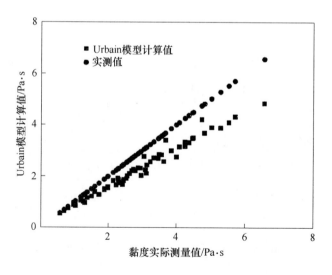

图 2.39　黏度的实测值与 Urbain 模型计算值对比图

黏度的实测值和 Urbain 模型计算值的误差计算结果显示 Urbain 模型的计算值与实测值的最小误差为 7.02%，最大误差为 49.36%，平均误差为 21.94%，整体 Urbain 模型与实际测量值的误差较大。

2.4.1.3 NPL 模型计算

NPL 模型的计算公式为：

$$\eta = A\exp\left(\frac{B}{T}\right) \tag{2.13}$$

式中　η——熔体黏度，$0.1\text{Pa}\cdot\text{s}$。

参数 A 和 B 与温度 T 无关，都是修正后的光学碱度 Λ^{corr} 的函数：

$$A = \exp(-232.69\Lambda^2 + 357.32\Lambda - 144.17) \tag{2.14}$$

$$\ln\frac{B}{1000} = -1.77 + \frac{2.88}{\Lambda} \tag{2.15}$$

对含 Al_2O_3 的体系且 Al_2O_3 的含量大于 CaO 含量时，在本书中 Λ^{corr} 根据理论光学碱度的方法计算：

$$\Lambda^{\text{corr}} = \frac{\begin{array}{c}\Lambda(\text{CaO})[x(\text{CaO}) - x(\text{Al}_2\text{O}_3)] + 3\Lambda(\text{Al}_2\text{O}_3)x(\text{Al}_2\text{O}_3) + \\ 2\Lambda(\text{SiO}_2)x(\text{SiO}_2) + \Lambda(\text{MgO})x(\text{MgO}) + 3\Lambda(\text{La}_2\text{O}_3)x(\text{La}_2\text{O}_3)\end{array}}{x(\text{CaO}) - x(\text{Al}_2\text{O}_3) + 3x(\text{Al}_2\text{O}_3) + 2x(\text{SiO}_2) + x(\text{MgO}) + 3x(\text{La}_2\text{O}_3)} \tag{2.16}$$

使用 NPL 模型对温度为 1723~1823K 阶段每 25K 计算一次黏度值，对 SiO_2-CaO-Al_2O_3-MgO-La_2O_3 系熔体进行黏度预测，其结果如表 2.10 所示（在计算过程中取值范围为 $0\sim8\text{Pa}\cdot\text{s}$）。图 2.40 为黏度的实测值与 NPL 模型计算值进行对比的结果，由图 2.40 可知 NPL 模型的计算值与实测值有非常大的误差。

表 2.10　SiO_2-CaO-Al_2O_3-MgO-La_2O_3 系熔体 NPL 模型计算黏度　（Pa·s）

温度/K	1	2	3	4	5	6	7	8	9	10	11	12
1823	0.23	0.20	0.17	0.15	0.14	0.13	0.10	0.09	0.12	0.13	0.15	0.17
1798	0.28	0.24	0.21	0.19	0.17	0.15	0.12	0.11	0.14	0.15	0.18	0.21
1773	0.35	0.30	0.25	0.22	0.20	0.18	0.14	0.12	0.17	0.18	0.22	0.25
1748	0.43	0.36	0.31	0.27	0.24	0.22	0.17	0.14	0.20	0.22	0.27	0.30
1723	0.54	0.45	0.38	0.33	0.29	0.26	0.19	0.16	0.24	0.26	0.33	0.37

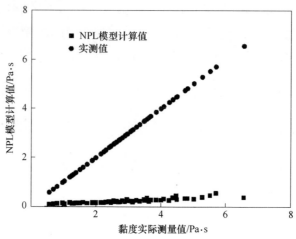

图 2.40 黏度的实测值与 NPL 模型计算值对比图

黏度的实测值和 NPL 模型计算值的误差计算结果显示 NPL 模型的计算值与实测值的最小误差为 83.54%，最大误差为 97.17%，平均误差为 92.02%，整体 NPL 模型与实际测量值的误差非常大。

2.4.2 模型的选择与修正

综上所述，在 1723～1823K 温度范围内对 Riboud 模型、Urbain 模型以及 NPL 模型进行黏度计算发现 Riboud 模型与实测值的平均误差为 35.56%，Urbain 模型与实测值的平均误差为 21.94%，NPL 模型与实测值的平均误差为 92.02%。其中 Urbain 模型计算所得的黏度值与实测值更为接近，所以选择 Urbain 模型进行修正。

Urbain 模型的修正方法是使用实际测试所得的黏度值通过 Urbain 模型计算公式（式 2.7 和式 2.8）对参数 m、n 重新进行拟合计算，计算出适合 SiO_2-CaO-Al_2O_3-MgO-La_2O_3 系熔体的参数，用以对 Urbain 模型进行修正。修正时使用的是本书相关研究中测试所得的 1550℃ 下 13 组数据。经过拟合后 m、n 分别为 0.212 和 13.427。图 2.41 是参数 m、n 的拟合曲线。

使用修正后的黏度模型对 1723～1823K 阶段每 25K 计算黏度值，对 SiO_2-CaO-Al_2O_3-MgO-La_2O_3 系熔体进行黏度计算，其结果如表 2.11 所示（在计算过程中取值范围为 0～8Pa·s）。为更好地比较黏度实测值与模型计算值的误差作图 2.42，图 2.42 为黏度实测值和模型计算值的对比图。为验证模型计算值与实测值的误差，使用数据对修正后的模型计算值进行验证，

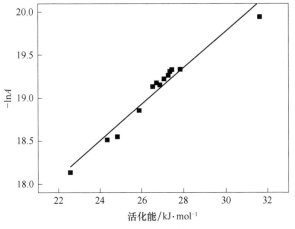

图 2.41 参数拟合曲线

即进行黏度误差计算，结果显示最小误差为 0.84%，最大误差为 29.78%，平均误差为 9.55%。相对于未修正的 Urbain 模型，修正后的 Urbain 模型可以更好地对 $SiO_2-CaO-Al_2O_3-MgO-La_2O_3$ 系熔体黏度进行预测。

表 2.11 $SiO_2-CaO-Al_2O_3-MgO-La_2O_3$ 系熔体修正 Urbain 模型计算黏度（0.1Pa·s）

温度/K	1	2	3	4	5	6	7	8	9	10	11	12
1823	27.53	25.87	24.32	22.89	21.56	20.32	9.65	5.31	11.36	16.30	26.72	31.48
1798	33.47	31.41	29.49	27.72	26.07	24.54	11.45	6.22	13.54	19.58	32.47	38.39
1773	40.93	38.35	35.96	33.75	31.70	29.80	13.67	7.32	16.22	23.66	39.67	47.10
1748	50.35	47.10	44.10	41.33	38.76	36.39	16.40	8.66	19.54	28.74	48.77	58.12
1723	62.32	58.22	54.43	50.93	47.69	44.70	19.78	10.29	23.66	35.12	60.32	72.18

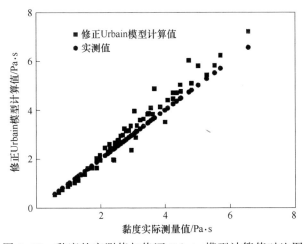

图 2.42 黏度的实测值与修证 Urbain 模型计算值对比图

2.5 单一稀土与混合稀土对 CaO-SiO₂(-Al₂O₃)-RE₂O₃ 渣黏度的影响

由于白云鄂博矿中稀土资源以轻稀土（La_2O_3、CeO_2、Pr_2O_3 和 Nd_2O_3）为主，稀土元素的配分大约为 26%（质量分数）的镧、52%（质量分数）的铈、5%（质量分数）的镨、15%（质量分数）的钕，还有少量的钐、铕等重稀土元素，通过研究单一稀土和混合稀土对 $CaO-SiO_2(-Al_2O_3)-RE_2O_3$ 渣黏度的影响，对比分析混合稀土添加下是否存在协同效应。黏度实验样品及黏度实验方法与上述黏度实验相同。

$CaO-SiO_2-RE_2O_3$ 和 $CaO-Al_2O_3-SiO_2-RE_2O_3$ 渣的黏度和 T 的关系如图 2.43 所示，由于 CeO_2 的价态与其他几种稀土不同，首先对比 La_2O_3、Pr_2O_3 和 Nd_2O_3 对黏度的影响规律，从 La_2O_3 到 Nd_2O_3，随稀土离子半径增加，黏度逐渐降低，这与 Shimizu[25] 的研究结果一致，表明稀土原子序数越大，对高温熔体作用程度越大。CeO_2 与其他单一稀土相比，黏度曲线在上方，表明含 CeO_2 条件下的高温熔体黏度大于其他单一稀土条件。这是由于 CeO_2 是变价元素，在高温熔体中可能以 +3 和 +4 两种价态存在。混合稀土与单一稀土对比，根据熔渣体系不同而存在差异。熔体黏度与稀土氧化物种类关系如图 2.44 所示，$CaO-Al_2O_3-SiO_2-RE_2O_3$ 渣中混合稀土黏度介于 CeO_2 与

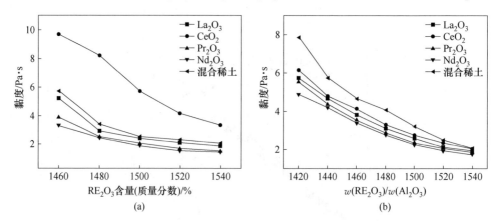

图 2.43 $CaO-SiO_2-RE_2O_3$ 和 $CaO-Al_2O_3-SiO_2-RE_2O_3$ 渣的黏度和 T 的关系

（a）$CaO-SiO_2-RE_2O_3$；（b）$CaO-Al_2O_3-SiO_2-RE_2O_3$

La$_2$O$_3$、Pr$_2$O$_3$ 和 Nd$_2$O$_3$ 之间，CaO-SiO$_2$-RE$_2$O$_3$ 渣中混合稀土黏度大于 CeO$_2$、La$_2$O$_3$、Pr$_2$O$_3$ 和 Nd$_2$O$_3$ 的黏度，表明多元混合稀土对高温熔体黏度 存在协同作用，且根据体系不同，其作用存在差异。

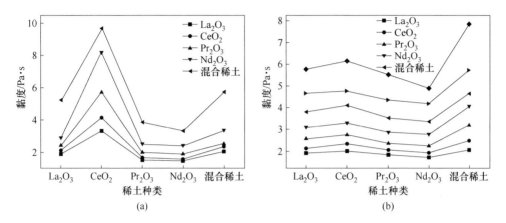

图 2.44 CaO-SiO$_2$-RE$_2$O$_3$ 和 CaO-Al$_2$O$_3$-SiO$_2$-RE$_2$O$_3$ 渣的黏度和稀土种类的关系

（a）CaO-SiO$_2$-RE$_2$O$_3$；（b）CaO-Al$_2$O$_3$-SiO$_2$-RE$_2$O$_3$

2.6 本章小结

本章研究了稀土元素对硅铝酸盐系熔体黏度和结构的影响，通过实验数据对黏度模型进行了选取与修正，获得适合本书相关研究熔体黏度的预测模型。具体结论如下：

（1）La$_2$O$_3$ 能够显著降低 CaO-SiO$_2$-La$_2$O$_3$ 和 CaO-Al$_2$O$_3$-SiO$_2$-La$_2$O$_3$ 系熔体的黏度，且降低程度与 La$_2$O$_3$ 添加量和 w(La$_2$O$_3$)$/w$(Al$_2$O$_3$) 成正比。La$_2$O$_3$ 使渣中硅氧离子团趋向简单结构，降低黏滞活化能，从而降低渣的黏度。CaO-Al$_2$O$_3$-SiO$_2$-La$_2$O$_3$ 系熔体中，w(La$_2$O$_3$)$/w$(Al$_2$O$_3$) 为 0/12 时不存在临界转变温度，黏度-温度曲线呈酸性渣特征，熔体中存在 La$_2$O$_3$ 时存在黏度转折，黏度-温度曲线呈碱性渣特征，La$_2$O$_3$ 在 CaO-SiO$_2$-Al$_2$O$_3$-La$_2$O$_3$ 系熔体中起碱性氧化物作用。

（2）CaO-SiO$_2$(-Al$_2$O$_3$)-CeO$_2$ 系熔体中添加 CeO$_2$ 能够显著降低黏度，在相同温度下，黏度与 CeO$_2$ 含量和 w(CeO$_2$)$/w$(Al$_2$O$_3$) 成正比关系。CeO$_2$ 含量越高，黏度临界转变温度越低；w(CeO$_2$)$/w$(Al$_2$O$_3$) 越大，临界转变温

度越高。添加 CeO_2 后，熔体中硅氧离子团趋向简单结构，与熔体聚合度相关的 Q^3/Q^2 随 CeO_2 含量和 $w(CeO_2)/w(Al_2O_3)$ 增加而减小。CeO_2 起到网络修饰体的作用，从而降低了熔体的黏度。1540℃，高纯 Ar 气氛下，Ce 在 $CaO-SiO_2(-Al_2O_3)-CeO_2$ 系熔体中以 Ce^{4+} 和 Ce^{3+} 两种价态混合存在，随 CeO_2 含量和 $w(CeO_2)/w(Al_2O_3)$ 增加，Ce^{4+} 相对含量增加，Ce^{3+} 相对含量减少，且 $w(Ce^{4+})/w(Ce^{3+})$ 呈增加趋势。在 $CaO-SiO_2(-6\%Al_2O_3)-6\%CeO_2$ 系熔体中，Ce^{4+} 和 Ce^{3+} 混合条件下熔体黏度高于 Ce^{3+} 条件下熔体黏度，$CaO-SiO_2(-Al_2O_3)-CeO_2$ 系熔体的黏度和结构由 Ce^{4+} 和 Ce^{3+} 共同决定。

（3）采用柱体旋转法研究了 La_2O_3 含量、$x(CaO)/x(SiO_2)$ 及 Al_2O_3 含量对 $SiO_2-CaO-Al_2O_3-MgO-La_2O_3$ 系熔体黏度的影响。随 La_2O_3 含量增加，熔体黏度降低；随 $x(CaO)/x(SiO_2)$ 的增加熔体黏度降低；随 Al_2O_3 含量的增加，熔体黏度增加。活化能随着 La_2O_3 含量的增加而降低，随 $x(CaO)/x(SiO_2)$ 的增加而降低，随 Al_2O_3 含量的增加而增加。

（4）基于本书设计的 $SiO_2-CaO-Al_2O_3-MgO-La_2O_3$ 系成分方案，在 1723~1823K 温度范围内对 Riboud 模型、Urbain 模型以及 NPL 模型进行了黏度计算，发现 Riboud 模型与实验值的平均误差为 35.56%，Urbain 模型与实验值的平均误差为 21.94%，NPL 模型与实验值的平均误差为 92.02%。其中 Urbain 模型计算所得的黏度值与实验值更为接近，通过实验数据对 Urbain 模型进行参数修正，修正后 Urbain 模型平均误差为 9.55%。

（5）从 La_2O_3 到 Nd_2O_3，随稀土离子半径增加，黏度逐渐降低，表明稀土原子序数越大，对高温熔体作用程度越大。多元混合稀土对高温熔体黏度存在协同作用，且根据体系不同，其作用存在差异。

参 考 文 献

[1] 刘雪波，贾晓林，邓磊波，等 . CaF_2 对复合矿渣微晶玻璃结构与力学性能的影响 [J]. 硅酸盐通报，2014，33（10）：2579-2582.

[2] DENG L B, WANG S, ZHANG Z, et al. The viscosity and conductivity of the molten glass and crystallization behavior of the glass ceramics derived from stainless steel slag [J]. Materials Chemistry and Physics, 2020, 251（1）：123159.

[3] 何生平，徐楚韶，王谦，等 . CeO_2 对低氟连铸保护渣转折温度和结晶性能的影响 [J]. 中国稀土学报，2007，25（3）：377-380.

[4] CAI Z Y, SONG B, YANG Z B, et al. Effects of CeO_2 on melting temperature, viscosity, and structure of CaF_2-bearing and B_2O_3-containing mold fluxes for casting rare earth alloy heavy rail steels [J]. ISIJ International, 2019, 59 (7): 1242-1249.

[5] KOLITSCH U, SCIFERT J, ALDINGER F. Phase relationships in the systems RE_2O_3-Al_2O_3-SiO_2 (RE=rare earth element, Y, and Sc) [J]. Journal of Phase Equilibria, 1998, 19: 426.

[6] KO K Y, PARK J H. Effect of CaF_2 addition on the viscosity and structure of CaO-SiO_2-MnO slags [J]. ISIJ International, 2013, 53 (6): 958-965.

[7] PARK H S, KIN H, SOHN I. Influence of CaF_2 and Li_2O on the viscous behavior of calcium silicate melts containing 12 wt pct Na_2O [J]. Metallurgical and Materials Transactions B, 2011, 42 (2): 324-330.

[8] KASSHIO S, IGUCHI Y, FUWA T, et al. Raman spectroscopic study on the structure of silicate slags [J]. Tetsu-to-Hagane, 1982, 68 (14): 1987-1993.

[9] MCMILLAN P. Structural studies of silicate glasses and melts-Applications and limitations of Raman spectroscopy [J]. American Mineralogist, 1984, 69 (6): 622-644.

[10] MYSEN B O, FRANTZ J D. Silicate melts at magmatic temperatures: In-situ structure determination to 1651℃ and effect of temperature and bulk composition on the mixing behavior of structural units [J]. Contributions to Mineralogy and Petrology, 1994, 117 (1): 1-14.

[11] MYSEN B O, FRANTZ J D. Structure of silicate melts at high temperature: In-situ measurements in the system BaO-SiO_2 to 1669℃ [J]. American Mineralogist, 1993, 78 (7): 699-709.

[12] YOU J L, JIANG G C, XU K D. High temperature Raman spectra of sodium disilicate crystal, glass and its liquid [J]. Journal of Non-Crystalline Solids, 2001, 282 (1): 125-131.

[13] LI Q H, YANG S F, ZHANG Y L, et al. Effects of MgO, Na_2O, and B_2O_3 on the viscosity and structure of Cr_2O_3-bearing CaO-SiO_2-Al_2O_3 slags [J]. ISIJ International, 2017, 57 (4): 689-696.

[14] 潘兆橹. 结晶学及矿物学 [M]. 北京: 地质出版社, 1985: 102-109.

[15] TOPLIS M J, DINGWELL D B. Shear viscosities of CaO-Al_2O_3-SiO_2 and MgO-Al_2O_3-SiO_2 liquids: Implications for the structural role of aluminium and the degree of polymerisation of synthetic and natural aluminosilicate melts [J]. Geochimica et Cosmochimica Acta, 2004, 68 (24): 5169-5188.

[16] TOPLIS M J, DINGWELL D B, LENCI T. Peraluminous viscosity maxima in Na_2O-

$Al_2O_3 - SiO_2$ liquids: The role of triclusters in tectosilicate melts [J]. Geochimica et Cosmochimica Acta, 1997, 61 (13): 2605-2612.

[17] LI W L, CAO X Z, JIANG T, et al. Relation between electrical conductivity and viscosity of $CaO - SiO_2 - Al_2O_3 - MgO$ melt [J]. ISIJ International, 2016, 56 (2): 205-209.

[18] SUN C Y, LIU X H, LI J, et al. Influence of Al_2O_3 and MgO on the viscosity and stability of $CaO - MgO - SiO_2 - Al_2O_3$ slags with $CaO/SiO_2 = 1.0$ [J]. ISIJ International, 2017, 57 (6): 978-982.

[19] MITCHELL B S, YON K Y, DUNN S A, et al. Viscosity of eutectic calcia-alumina melts [J]. Materials Chemistry and Physics, 1993, 34 (1): 81-85.

[20] ZHANG G H, ZHEN Y L, CHOU K C. Viscosity and structure changes of $CaO - SiO_2 - Al_2O_3 - CaF_2$ melts with substituting Al_2O_3 for SiO_2 [J]. Journal of Iron and Steel Research, International, 2016, 23 (7): 633-637.

[21] ZHEN Y L, ZHANG G H, TANG X L, et al. Influences of Al_2O_3/CaO and Na_2O/CaO ratios on viscosities of $CaO - Al_2O_3 - SiO_2 - Na_2O$ melts [J]. Metallurgical and Materials Transactions B, 2014, 45: 123-130.

[22] ZHANG G H, CHOU K C. Influence of Al_2O_3/SiO_2 ratio on viscosities of $CaO - Al_2O_3 - SiO_2$ melt [J]. ISIJ International, 2013, 53 (1): 177-180.

[23] KIM T S, PARK J H. Structure-viscosity relationship of low-silica calcium aluminosilicate melts [J]. ISIJ International, 2014, 54 (9): 2031-2038.

[24] TALAPANENI T, YEDLA N, PAL S, et al. Experimental and theoretical studies on the viscosity - structure correlation for high alumina - silicate melts [J]. Metallurgical and Materials Transactions B, 2017, 48: 1450-1462.

[25] SHIMIZU F, TOKUNAGA H, SAITO N, et al. Viscosity and surface tension measurements of $RE_2O_3 - MgO - SiO_2$ (RE = Y, Gd, Nd and La) melts [J]. ISIJ International, 2006, 46 (3): 388-393.

[26] LOFAJ F, SATET R, HOFFMANN M J, et al. Thermal expansion and glass transition temperature of the rare - earth doped oxynitride glasses [J]. Journal of the European Ceramic Society, 2004, 24 (12): 3377-3385.

[27] LOFAJ F, DÉRIANO S, LEFLOCH M, et al. Structure and rheological properties of the RE-Si-Mg-O-N (RE=Sc, Y, La, Nd, Sm, Gd, Yb and Lu) glasses [J]. Journal of Non-Crystalline Solids, 2004, 344 (1): 8-16.

[28] HAMPSHIRE S, POMEROY M J. Effect of composition on viscosities of rare earth oxynitride glasses [J]. Journal of Non-Crystalline Solids, 2004, 344 (1): 1-7.

[29] MURAKAMI Y, YAMAMOTO H. Phase diagrams of the $Al_2O_3 - Yb_2O_3 - SiO_2$ system and the properties of glasses in this system were investigated [J]. Journal of the Ceramic

Society of Japan, 1993, 10: 1101-1106.

[30] RAMESH R, NESTOR E, POMEROY M J, et al. Formation of Ln-Si-Al-O-N glasses and their properties [J]. Journal of the European Ceramic Society, 1997, 17 (15): 1933-1939.

[31] HAMPSHIRE S, POMEROY M J. Effect of composition on viscosities of rare earth oxynitride glasses [J]. Journal of Non-Crystalline Solids, 2004, 344 (1): 1-7.

[32] ITO H, YANAGASE T, SUGINOHARA Y. The effects of additional oxide on the viscosity of lead silicate melts [J]. Journal of the Japan Institute of Metals, 1963, 27 (4): 182-186.

[33] 徐光宪. 稀土 [M]. 2版. 北京: 冶金工业出版社, 1995: 105.

[34] HAO D M, SHAO X C, TANG Y R, et al. Effect of Si^{4+} doping on the microstructure and magneto-optical properties of TAG transparent ceramics [J]. Optical Materials, 2018, 77: 253-257.

[35] PARK J H. Structure-property correlations of $CaO-SiO_2-MnO$ slag derived from Raman spectroscopy [J]. ISIJ International, 2012, 52 (9): 1627-1636.

[36] PARK J H. Structure-property relationship of $CaO-MgO-SiO_2$ slag: Quantitative analysis of Raman spectra [J]. Metallurgical and Materials Transactions B, 2013, 44: 938-947.

[37] ROMEO M, BAK K, FALLAH J E, et al. XPS study of the reduction of cerium dioxide [J]. Surface and Interface Analysis, 1993, 20 (6): 508-512.

[38] BAK K, HILAIRE L. Quantitative XPS analysis of the oxidation state of cerium in $Pt-CeO_2/Al_2O_3$ catalysts [J]. Applied Surface Science, 1993, 70 (1): 191-195.

[39] HOLGADO J P, ALVAREZ R, MUNUERA G. Study of CeO_2 XPS spectra by factor analysis: Reduction of CeO_2 [J]. Applied Surface Science, 2000, 161 (3): 301-315.

[40] HUANG X S, SUN H, WANG L C, et al. Morphology effects of nanoscale ceria on the activity of Au/CeO_2 catalysts for low-temperature CO oxidation [J]. Applied Catalysis B: Environmental, 2009, 90 (1): 224-232.

[41] QI J, LIU C J, ZHANG C, et al. Effect of Ce_2O_3 on structure, viscosity, and crystalline phase of $CaO-Al_2O_3-Li_2O-Ce_2O_3$ slags [J]. Metallurgical and Materials Transactions B, 2017, 48: 11-16.

[42] KO K Y, PARK J H. Effect of CaF_2 addition on the viscosity and structure of $CaO-SiO_2-MnO$ slags [J]. ISIJ International, 2013, 53 (6): 958-965.

[43] VEREIN D E. slag atlas [M]. 2nd ed. Dusseldorf: Stahleisen Gmbh, 1995.

[44] ZHANG G H, CHOU K C. Measuring and modeling viscosity of CaO – Al$_2$O$_3$ – SiO$_2$ (−K$_2$O) melt [J]. Metallurgical and Materials Transactions B, 2012, 43: 841−848.

[45] RIEBLING E F. Structural similarities between a glass and its melt [J]. Journal of the American Ceramic Society, 2006, 51 (3): 143−149.

[46] YASUKOUCHI T, NAKASHIMA K, MORI K. Viscosity of ternary CaO−SiO$_2$−M$_x$(F, O)$_y$ and CaO−Al$_2$O$_3$−Fe$_2$O$_3$ melts [J]. Tetsu−To−Hagane, 1999, 85 (8): 571−577.

[47] MYSEN B O, VIRGO D, KUSHIRO I. The structural role of aluminum in silicate melts—a Raman spectroscopic study at 1 atmosphere [J]. Americon Mineralogist, 1981, 66: 678−701.

[48] ZHANG G H, CHOU K C, LV X Y. Influences of different components on viscosities of CaO – MgO – Al$_2$O$_3$ – SiO$_2$ melts [J]. Journal of Mining and Metallurgy Section B Metallurgy, 2014, 50 (2): 157−164.

[49] SATO R K, MCMILLAN P F, Dennison P, et al. Structural investigation of high alumina glasses in the CaO – Al$_2$O$_3$ – SiO$_2$ system via Raman and magic angle spinning nuclear magnetic resonance spectroscopy [J]. Physics and Chemistry of Glasses, 1991, 32 (4): 149−156.

[50] WRIGHT S, ZHANG L S, SUN S, et al. Viscosity of a CaO – MgO – Al$_2$O$_3$ – SiO$_2$ melt containing spinel particles at 1646K [J]. Metallurgical and Materials Transactions B, 2000, 31: 97−104.

[51] HAN P W, ZHENG W W, ZHANG G H, et al. Viscosity of CaO – MgO – Al$_2$O$_3$ – SiO$_2$ melts containing SiC particles [J]. Ironmaking & Steelmaking, 2019, 46 (8): 705−711.

[52] OSUGI T, SUKENAGA S, INATOMI Y, et al. Effect of oxidation state of iron ions on the viscosity of alkali silicate melts [J]. ISIJ International, 2013, 53 (2): 185−190.

[53] DIETZEL Z. The cation field strengths and their relation to devitrifying process to compound formation and to the melting points of silicates [J]. Zeitschrift für Elektrochemie, 1942, 48 (1): 9−23.

[54] WASEDA Y, TOGURI J M. The structure and properties of oxide melts [M]. Singapore: Word Scientific Publishing Co. Pte. Ltd. , 1998.

[55] MYSEN B O, FRANTZ J D. Raman spectroscopy of silicate melts at magmatic temperatures: Na$_2$O−SiO$_2$, K$_2$O−SiO$_2$ and Li$_2$O−SiO$_2$ binary compositions in the temperature range 25− 1475℃ [J]. Chemical Geology, 1992, 96 (3): 321−332.

[56] VIRGO D, MYSEN B O, KUSHIRO I. Anionic constitution of 1 – atmosphere silicate melts: Implications for the structure of igneous melts [J]. Science, 1980, 208 (6): 371−373.

3　稀土对硅铝酸盐熔体电导率的影响

　　利用白云鄂博稀土尾矿能够生产稀土矿渣玻璃陶瓷，其中，电窑熔制过程是重要环节，电窑熔制过程中熔体电导率直接影响熔化效果，进而影响电窑温度场分布及工艺的能耗。因此，研究稀土对玻璃熔体电导率的影响对优化玻璃陶瓷熔制生产工艺具有重要指导作用。但是现今关于稀土矿渣玻璃陶瓷的研究主要针对生产过程后续的核化、晶化及性能等，工艺过程的前端采用"黑箱"方式处理，对高温熔体电导率等物性的研究相对较少。本章采用交流四电极法，研究 La_2O_3 含量变化对 SiO_2-CaO-Al_2O_3-MgO 系高温熔体电导率的影响规律，同时结合红外光谱分析 La_2O_3 对熔体电导率的作用规律。进一步研究不同 $x(CaO)/x(SiO_2)$ 和不同 Al_2O_3 含量条件下，La_2O_3 含量对 SiO_2-CaO-Al_2O_3-MgO 系熔体电导率和活化能的影响，结合红外光谱分析 La_2O_3 对熔体电导率的作用规律。在采用 Arrhenius 公式计算电导率的活化能时，考虑 La_2O_3 对修正光学碱度的影响，结合本书相关电导率数据，对模型参数的系数进行适应性修正并验证所得电导率模型，实现熔体电导率的预测。

3.1　体系设计与研究方法

3.1.1　成分体系设计

　　本章基于稀土尾矿玻璃陶瓷的基础化学成分，以 SiO_2-CaO-Al_2O_3-MgO-La_2O_3 体系为研究对象，研究成分含量变化对玻璃陶瓷熔体电导率的影响规律，并通过熔体结构特征分析电导率变化机理，如图 3.1 所示为实验流程图。实验研究主要分为三部分：首先，使用交流四电极法研究不同 La_2O_3 含量、不同 $x(CaO)/x(SiO_2)$ 及不同 Al_2O_3 含量条件下 La_2O_3 对 SiO_2-CaO-Al_2O_3-MgO 系熔体电导率的影响规律。其次，使用高温管式炉制备淬火玻璃样品，结合红外光谱分析 La_2O_3 对熔体结构的作用，通过熔体结构理论对电导率物性进行分析。最后，基于 Arrhenius 公式和修正光学碱度建立本书研究体系电导率模型，结合相关实验数据对电导率模型参数进行修正和验证；结合同体系的熔体黏度数据，建立黏度和电导率两种物性之间的关系，并确定其适用范围。

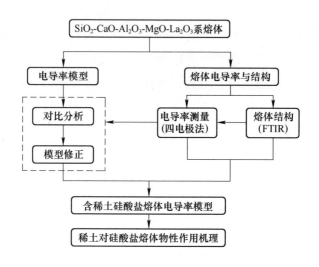

图 3.1   实验流程图

稀土矿渣玻璃陶瓷以白云鄂博尾矿和粉煤灰为主要原料，如表 3.1 所示[1]。根据稀土矿渣玻璃陶瓷的基础组分，以 $SiO_2 - CaO - Al_2O_3 - MgO - La_2O_3$ 作为此设计的研究体系[2-3]，实验样品成分方案如表 3.1 ~ 表 3.3 所示。样品均采用分析纯试剂配料，包括：SiO_2（aladdin-AR，99%），Al_2O_3（aladdin-AR，98%），MgO（aladdin-AR，98%），La_2O_3（aladdin-AR，99%），CaO 由 $CaCO_3$（aladdin-AR，99%）在马弗炉中 1100℃ 下煅烧 10h 获得。

表 3.1 La_2O_3 含量变化实验方案   （摩尔分数，%）

序号	CaO	SiO_2	MgO	Al_2O_3	La_2O_3
1	25.51	61.22	8.12	5.1	0
2	25.38	60.92	8.12	5.08	0.5
3	25.26	60.61	8.08	5.05	1.0

序号	CaO	SiO$_2$	MgO	Al$_2$O$_3$	La$_2$O$_3$
4	25.13	60.31	8.04	5.03	1.5
5	25.00	60.00	8.00	5.00	2.0
6	24.87	59.69	7.96	4.97	2.5
7	24.74	59.39	7.92	4.95	3.0

表 3.2　$x(CaO)/x(SiO_2)$ 变化实验方案　　　（摩尔分数,%）

序号	CaO	SiO$_2$	MgO	Al$_2$O$_3$	La$_2$O$_3$
8	17.17	68.69	8.08	5.05	1.0
9	30.47	55.4	8.08	5.05	
10	17.00	68.00	8.00	5.00	2.0
11	30.16	54.84	8.00	5.00	
12	16.83	67.31	7.92	4.95	3.0
13	29.85	54.28	7.92	4.95	

表 3.3　Al$_2$O$_3$ 含量变化实验方案　　　（摩尔分数,%）

序号	CaO	SiO$_2$	MgO	Al$_2$O$_3$	La$_2$O$_3$
14	26.33	63.19	8.43	1.05	1.0
15	25.78	61.88	8.25	3.09	
16	24.75	59.40	7.92	6.93	
17	24.27	58.24	7.76	8.74	
18	26.06	62.55	8.34	1.04	2.0
19	25.52	61.25	8.17	3.06	
20	24.50	58.80	7.84	6.86	
21	24.02	57.65	7.69	8.65	
22	25.79	61.91	8.25	1.03	3.0
23	25.26	60.63	8.09	3.03	
24	24.25	58.20	7.76	6.79	
25	23.77	57.06	7.61	8.56	

　　实验样品体系分为三部分：第一部分 1~7 号样品变量为 La$_2$O$_3$ 含量，研究 La$_2$O$_3$ 含量变化对熔体电导率和结构的影响；第二部分 3 号、5 号、7 号

及 8~13 号样品, 实验变量为 $x(CaO)/x(SiO_2)$ 和 La_2O_3 含量, 研究不同 $x(CaO)/x(SiO_2)$ 条件下 La_2O_3 对熔体电导率和结构的影响, 同时简要分析 $x(CaO)/x(SiO_2)$ 变化对熔体电导率和结构的作用; 第三部分 3 号、5 号、7 号及 14~25 号样品, 实验变量为 Al_2O_3 含量和 La_2O_3 含量, 研究不同 Al_2O_3 含量条件下 La_2O_3 对熔体电导率和结构的影响, 同时简要分析 Al_2O_3 含量变化对熔体电导率和结构的作用。探究熔体中成分含量的变化对熔体电导率和结构的影响规律。

3.1.2 电导率测量装置与方法

本书相关研究采用自行搭建的四电极测量装置, 电导率测量装置如图 3.2 (a) 所示。装置包括: 气体控制装置 (变色硅胶、RX-100 高效脱氧管), 测量电极, 高温垂直管式炉 (HTRV100-250, 炉管外径为 100mm、最高温度为 1800℃、均温区长度为 125mm、最大功率为 6400W), 电阻测量仪 (LCR-8110G 电桥, 频率为 20Hz~10MHz、精确度为 ±0.1%、电阻测量范围为 0.1mΩ~100MΩ)。实验装置如图 3.2 (b) 所示。实验测量前, 在 25℃ 下采用 KCl 电导率标准溶液 (aladdin, 25℃ 下电导率为 147.4μs/cm) 进行电导池常数校准。将电导率标准溶液盛装在氮化硼坩埚内 (外径为 35mm, 高 80mm, 壁厚 2mm), 标准溶液高度为 25mm。实验用电极材料为钼丝, 直径为 1.5mm, 四根电极被穿入两根双孔刚玉管内, 电极间距为 6mm, 且使电极前端 25mm 露在管外。这两根双孔刚玉管与可以卡在炉盖口的橡胶塞紧密连接, 控制电极距离。为了精确测量, 电极进入熔体的深度精确控制, 插入深度为 10mm, 严格控制电极在坩埚中位置使其垂直居中。

按照表 3.1~表 3.3 分别配置 50g 样品。样品装进氮化硼坩埚, 并置于管式炉的恒温区, 在 3L/min 高纯 Ar 气体保护下, 从 7℃/min 升温至 1000℃, 再以 5℃/min 升温至 1550℃, 保温 15min, 将电极插入坩埚正中间且插入深度为 10mm, 进行电阻测量。如图 3.3 温度控制曲线所示, 从 1550℃ 开始, 以 5℃/min 降温, 每隔 25℃ 测量一次熔体电阻数据, 每次测量前保温 15min, 测量 200 个数据取平均值作为熔体电阻 (测量时间间隔为 450ms), 在 1200℃ 测量完成并拔出电极后随炉冷却至室温。

实验用 LCR-8110G 型号测量仪, 配合 LCR-12 号测试夹具, 通过四电极法可直接测量出高温熔体电阻, 再配合电子计算机及专用软件在线测量,

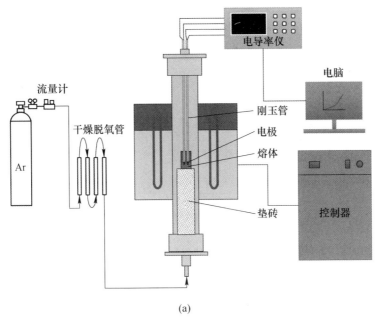

(a)

(b)

图 3.2 电导率测量装置

(a) 装置示意图；(b) 装置实物图

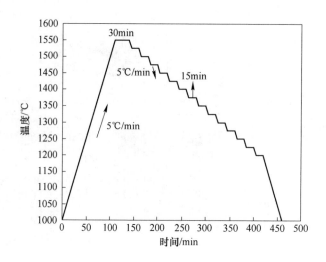

图 3.3   电导率测量温度控制曲线

可以快速准确地自动测量出大量电阻数据。熔体电阻 R 测定完成后，再结合电导池常数 C ，通过关系式 $\sigma = C/R$ 就可以获得熔体在不同温度下的电导率数值。

3.1.3   淬火样品制备及红外光谱分析

熔体电导率改变的原因是熔体结构发生了变化，为了研究熔体结构，需要制备能够保留熔体高温态网络结构信息的淬火样品。Mysen[4] 研究表明将高温熔体进行淬火处理后熔体结构单元变化非常小，基本能够忽略不计，对淬火玻璃样品进行结构检测是研究熔体结构的有效手段。

使用分析纯试剂按照成分表 3.1~表 3.3 分别配制 5g 样品，装入钼片弯折的钼槽并用钼丝悬挂于高温垂直管式炉恒温区，以 3L/min 的高纯 Ar 气体作为保护气。温度升高到 1550℃后（由室温升温至 1000℃的升温速率为 7℃/min，由 1000℃升温至 1550℃的升温速率为 5℃/min），保温 5h 使熔体结构足够稳定。保温时间结束后，打开炉体上下炉盖剪断钼丝，钼槽浸入水池迅速降温完成淬火，得到淬火玻璃样品。淬火装置示意图如图 2.27 所示。

将淬火玻璃样品破碎至 75μm 以下，使用傅里叶变换红外光谱仪（NEXUS670FT-IR，光谱范围为 12500~350cm^{-1}）进行熔体结构检测，以研究熔体中成分含量变化对熔体网络结构的影响，测量范围为 400~1800cm^{-1}。SiO_2-CaO-Al_2O_3-MgO 系硅铝酸盐玻璃熔体的 FTIR 红外光谱通常在 400~

$1200cm^{-1}$ 波数范围之内，可大致分为 $400 \sim 600cm^{-1}$、$600 \sim 800cm^{-1}$ 及 $800 \sim 1200cm^{-1}$ 三个波段带[5]。$800 \sim 1200cm^{-1}$ 波段带为 SiO_4^{4-} 四面体对称拉伸波段带，熔体微观结构由单体、二聚体、链状和片层状结构单元组成。这些硅酸盐结构单元按照桥接氧数目 0、1、2 和 3 分别命名为 Q^0、Q^1、Q^2 和 Q^3。通过查阅文献[6-7]，列出 Q^n 对应的红外吸收波数如表 3.4 所示。

表 3.4 Q^n 单元的红外吸收波数

结构单元	Q^n	波数/cm^{-1}
$[SiO_4]^{4-}$	Q^0	$860 \sim 880$
$[Si_2O_7]^{6-}$	Q^1	$910 \sim 930$
$[Si_2O_6]^{4-}$	Q^2	$980 \sim 1000$
$[Si_2O_5]^{2-}$	Q^3	$1040 \sim 1060$

3.2 La₂O₃ 对 SiO₂-CaO-Al₂O₃-MgO 系熔体电导率的影响

熔体电导率是描述熔体中带电粒子流动难易程度的参数，是稀土矿渣玻璃陶瓷熔融过程最重要的物性参数之一，研究电导率对玻璃熔体熔炼工艺优化有重要的指导作用。目前，对白云鄂博稀土矿渣玻璃陶瓷的研究主要针对其生产制造的核化、晶化过程及产品性能，关于稀土对玻璃熔体电导率影响的研究还十分欠缺。本章主要研究 La₂O₃ 含量变化对 SiO₂-CaO-Al₂O₃-MgO 系高温熔体电导率和活化能的影响，同时结合红外光谱技术研究 La₂O₃ 含量改变对熔体电导率的作用规律。

3.2.1 La₂O₃ 含量变化对熔体电导率的影响

不同 La₂O₃ 含量下电导率随温度变化曲线如图 3.4 所示。其中 $x(CaO)/x(SiO_2)$ 为 0.42，MgO 含量（摩尔分数）为 8%，Al₂O₃ 含量（摩尔分数）为 5%，La₂O₃ 含量（摩尔分数）分别为 0、0.5%、1.0%、1.5%、2.0%、2.5%、3.0%。当 La₂O₃ 含量相同时，随着温度的升高，熔体电导率逐渐增大。这是因为电导率和熔体温度相关，温度升高使熔体中带电粒子活动性增强、相互作用减弱，从而导致电导率增大。当温度高于1325℃时，电导率与温度呈线性变化关系，电导率随着温度的升高变化量比较大。以 La$_2$O$_3$ 含量（摩尔分数）为 2.0% 时的电导率–温度曲线为例，温度由 1550℃ 降低到1325℃，电导率由 0.06782S/cm 降低至 0.02157S/cm，变化程度较大。低于1325℃时，电导率–温度曲线变化平缓，电导率值随温度的降低变化较小，以同一样品为例，温度由 1325℃ 降低到 1200℃，电导率由 0.02157S/cm 降低至 0.00531S/cm，变化程度较小。这是因为熔体在降温过程中会产生析晶并且析晶量不断增加，熔体中自由移动离子数目逐渐减少、导电能力越来越弱，使得电导率变化不再明显。

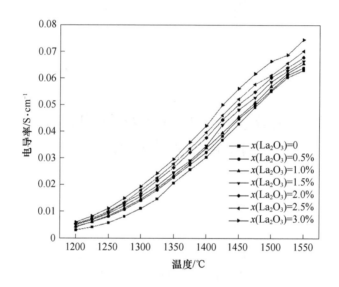

图 3.4　不同 La$_2$O$_3$ 含量下电导率随温度变化曲线

　　La$_2$O$_3$ 含量增加，电导率–温度曲线向上方偏移，表明添加 La$_2$O$_3$ 能够增加熔体电导率。由图 3.5 不同温度下电导率随 La$_2$O$_3$ 含量变化曲线可以看出，La$_2$O$_3$ 含量变化时，熔体的电导率发生明显变化，且同一温度下随着La$_2$O$_3$ 含量增加，熔体电导率增大，即电导率和 La$_2$O$_3$ 含量呈正比例关系。以 1500℃ 为例，La$_2$O$_3$ 含量（摩尔分数）由 0 增加到 3.0%，电导率由0.05512S/cm 增加至 0.06637S/cm，说明 La$_2$O$_3$ 含量的增加使 SiO$_2$-CaO-Al$_2$O$_3$-MgO 系熔体电导率增大。

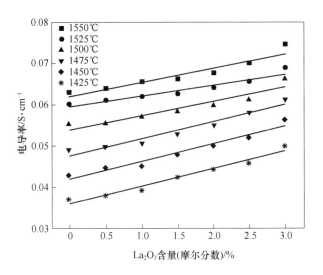

图 3.5 不同温度下电导率随 La$_2$O$_3$ 含量变化曲线

为了进一步研究 La$_2$O$_3$ 对熔体电导率的影响规律，取 1425~1550℃ 温度区间的实验测量值，如表 3.5 所示。

表 3.5 样品体系不同成分点的电导率 （S/cm）

序号	1823K	1798K	1773K	1748K	1723K	1698K
1	0.06302	0.06031	0.05512	0.04904	0.04277	0.03683
2	0.06395	0.06113	0.05553	0.04992	0.04475	0.03830
3	0.06544	0.06185	0.05691	0.05081	0.04544	0.03946
4	0.06641	0.06272	0.05867	0.05279	0.04812	0.04251
5	0.06782	0.06394	0.06024	0.05489	0.05013	0.04439
6	0.07016	0.06564	0.06109	0.05777	0.05217	0.04607
7	0.07445	0.06874	0.06637	0.06170	0.05617	0.04998

图 3.6 是不同 La$_2$O$_3$ 含量下电导率与温度拟合关系。由图 3.6 可以看出，电导率与温度的关系满足 Arrhenius 公式。Arrhenius 公式如下：

$$\ln\sigma = \ln A - E/(RT) \tag{3.1}$$

式中 σ——电导率，S/cm；

A——指前因子，S/cm；

E——活化能，J/mol；

T——温度，K；

R——气体常数，8.314J/(mol·K)。

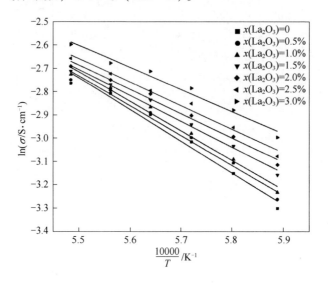

图 3.6 不同 La_2O_3 含量下电导率与温度拟合关系

电导率的活化能与 La_2O_3 含量的关系如图 3.7 所示，随着 La_2O_3 含量的增加，活化能逐渐降低，说明熔体中增加 La_2O_3 含量能够有效降低电导率的活化能。La_2O_3 含量增加，电导率的活化能减小，而熔体电导率增大，电导率活化能和熔体电导率变化趋势相反。

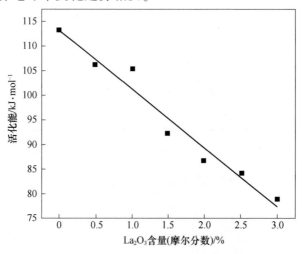

图 3.7 活化能与 La_2O_3 含量的关系

3.2.2 La₂O₃ 含量变化对熔体结构的影响

不同氧化物对熔体微观网络结构的作用机理不同。实验体系中 SiO_2 是酸性氧化物，由于 Si^{4+} 电荷数大且离子半径比较小，因此与 O^{2-} 有很强的相互作用，能够在熔体中形成 SiO_4^{4-} 四面体空间网络结构，称为网络形成体，使熔体的流动能力减弱。CaO 和 MgO 是碱性氧化物，Ca^{2+} 和 Mg^{2+} 电荷数小且离子半径大，和 O^{2-} 相互作用力较弱，所以 CaO 和 MgO 可以通过在熔体中释放 O^{2-} 与 Si^{4+} 结合破坏 SiO_4^{4-} 四面体网络结构，称为网络修饰体。Al_2O_3 是两性氧化物，其在熔体的碱度较高时显示酸性，熔体碱度较低时显示碱性。

不同 La_2O_3 含量的玻璃淬火渣样品的红外光谱结果（$400 \sim 1400 cm^{-1}$）如图 3.8 所示。由图 3.8 可知，位于 $800 \sim 1200 cm^{-1}$ 的吸收谱带和位于 $600 \sim 800 cm^{-1}$ 的吸收谱带的峰形不对称，说明它们是复合峰。$600 \sim 800 cm^{-1}$ 波段是由 AlO_4^{5-} 四面体和 SiO_4^{4-} 四面体之间的 Si—O—Al 的伸缩振动以及 SiO_4^{4-} 四面体之间 Si—O—Si 的对称伸缩振动共同引起的，$600 \sim 800 cm^{-1}$ 的吸收峰对应 SiO_4^{4-} 四面体中 Si—O—Si 的对称伸缩振动。$400 \sim 600 cm^{-1}$ 波段带主要是由 Si—O—Si 弯曲振动引起的[5,9]。

随着 La_2O_3 含量（摩尔分数）从 0 增加到 3.0%，$400 \sim 600 cm^{-1}$ 的吸收峰变化不明显，$600 \sim 800 cm^{-1}$ 波段的特征峰也无明显变化，表明熔体中的 Al_2O_3 基本都以 AlO_4^{5-} 四面体的形式稳定存在，仅充当网络形成者，La_2O_3

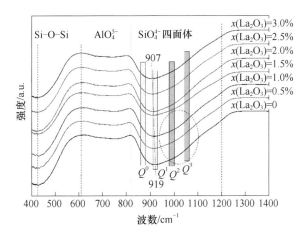

图 3.8 La₂O₃ 含量变化时的玻璃样品的红外光谱分析

的加入对铝酸盐的结构影响不大。在 $800 \sim 1200 cm^{-1}$ 范围内的吸收峰波数在 $910 cm^{-1}$ 附近，随着 La_2O_3 含量的增加，SiO_4^{4-} 四面体对称伸缩振动波段带及其波谷中心向波数较低方向偏移，带中心波数由 $919 cm^{-1}$ 减小至 $907 cm^{-1}$，且 La_2O_3 含量较低时，Q^2 和 Q^3 结构单元的吸收峰明显，La_2O_3 含量增加，Q^2 和 Q^3 吸收峰逐渐减小，表明 SiO_4^{4-} 四面体网络结构中相对复杂的高波数结构单元含量逐渐减少，而 Q^0 的含量逐渐增加，硅酸盐熔体网络结构解聚[10-11]。La_2O_3 在本书相关硅酸盐熔体研究中是网络修饰体，La_2O_3 含量增加，使 SiO_4^{4-} 四面体阴离子团解聚，熔体结构趋于简单化，熔体中自由移动离子数目增多，熔体电导率增大。

通过对 La_2O_3 含量变化时的玻璃样品红外光谱分析，研究 La_2O_3 对熔体结构的作用，发现 La_2O_3 为碱性氧化物，La_2O_3 可以在玻璃熔体中释放游离态 O^{2-}，使 SiO_4^{4-} 四面体中的 Si—O—Si 键断裂，增加网络结构中非桥氧数目，破坏 SiO_4^{4-} 四面体网络结构。La^{3+} 的配位数高、电场强度高，并且离子半径比较大，熔体中增加的 La^{3+} 不能进入到熔体网络结构，由于离子相互作用使 SiO_4^{4-} 四面体网络结构遭到破坏，熔体网络解聚。

3.3 不同 $x(CaO)/x(SiO_2)$ 及 Al_2O_3 含量下 La_2O_3 对熔体电导率的影响

第 3.2 节研究了 La_2O_3 在固定 $x(CaO)/x(SiO_2)$ 和 Al_2O_3 含量条件下对 SiO_2-CaO-Al_2O_3-MgO 系熔体电导率的影响，但是当 $x(CaO)/x(SiO_2)$ 不同或 Al_2O_3 含量不同时，La_2O_3 对熔体电导率的影响还未得知。白云鄂博稀土矿渣玻璃陶瓷主要成分是硅铝酸盐且其组分多变，研究不同组分条件下 La_2O_3 对熔体电导率的影响是十分必要的。本章研究不同 $x(CaO)/x(SiO_2)$ 及 Al_2O_3 含量条件下 La_2O_3 对 SiO_2-CaO-Al_2O_3-MgO 系熔体电导率的影响，并结合红外光谱技术研究 La_2O_3 含量改变对熔体电导率的作用规律。

3.3.1 不同 $x(CaO)/x(SiO_2)$ 下 La_2O_3 对熔体电导率的影响

为了分析不同 $x(CaO)/x(SiO_2)$ 条件下 La_2O_3 含量变化对熔体电导率的影响，取 $1425 \sim 1550$℃ 温度区间的实验测量值，如表 3.6 所示。

表 3.6 样品体系不同成分点的电导率 （S/cm）

序号	1823K	1798K	1773K	1748K	1723K	1698K
8	0.03668	0.03249	0.02772	0.02314	0.01911	0.01557
9	0.07195	0.06852	0.06463	0.05995	0.05521	0.04907
10	0.04408	0.04011	0.03526	0.02898	0.02351	0.01955
11	0.07800	0.07461	0.07037	0.06606	0.06071	0.05577
12	0.05161	0.04772	0.04085	0.03530	0.02991	0.02487
13	0.09031	0.08767	0.08339	0.07747	0.07163	0.06485

不同 $x(CaO)/x(SiO_2)$ 条件下电导率与温度的拟合关系如图 3.9 所示，根据图 3.9 分析计算得到电导率的活化能数据，并绘制不同 $x(CaO)/x(SiO_2)$ 条件下活化能与 La_2O_3 含量的关系，如图 3.11 所示。发现随着 $x(CaO)/x(SiO_2)$ 增大，活化能降低；La_2O_3 含量增加，活化能降低；活化能降低而电导率增大，活化能与电导率的变化趋势相反。La_2O_3 含量（摩尔分数）由 1% 增加到 3%，当 $x(CaO)/x(SiO_2)$ 为 0.25 时，活化能减小了 25.22kJ/mol，当 $x(CaO)/x(SiO_2)$ 为 0.55 时，活化能减小了 8.81kJ/mol。以上结果表明：低 $x(CaO)/x(SiO_2)$ 时，La_2O_3 对熔体活化能影响较大；高 $x(CaO)/x(SiO_2)$ 时，La_2O_3 对熔体活化能影响较小。电导率的活化能变化越大，熔体电导率变化越明显。

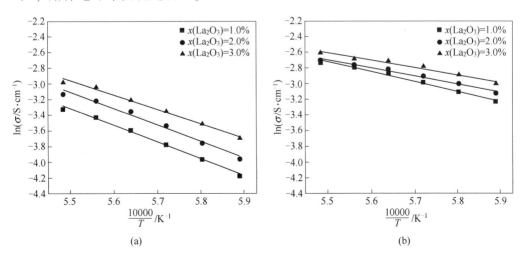

(a)   (b)

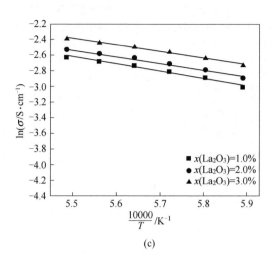

(c)

图 3.9 不同 $x(CaO)/x(SiO_2)$ 条件下电导率与温度的拟合关系

(a) $x(CaO)/x(SiO_2)=0.25$；(b) $x(CaO)/x(SiO_2)=0.42$；(c) $x(CaO)/x(SiO_2)=0.55$

不同 $x(CaO)/x(SiO_2)$ 条件下 La_2O_3 对熔体结构影响的红外光谱如图 3.10 所示，La_2O_3 含量增加，400~600cm^{-1} 的吸收峰变化不明显，600~800cm^{-1} 波段的特征峰也无明显变化，说明 $x(CaO)/x(SiO_2)$ 不同时，改变 La_2O_3 的含量对铝酸盐的结构影响不大。在 800~1200cm^{-1} 范围内，La_2O_3 含量增加使得 SiO_4^{4-} 四面体对称伸缩振动波段带中心向波数较低方向偏移。La_2O_3 含量（摩尔分数）由 1.0% 增加到 3.0%，当 $x(CaO)/x(SiO_2)$ 为 0.25 时，SiO_4^{4-} 四面体结构的带中心波数由 934cm^{-1} 减小至 926cm^{-1}；$x(CaO)/x(SiO_2)$ 为 0.55 时，带中心波数由 907cm^{-1} 减小至 901cm^{-1}。而且 $x(CaO)/x(SiO_2)$ 较低时，Q^2 和 Q^3 结构单元的吸收峰变化更大。相比之下，低 $x(CaO)/x(SiO_2)$ 时，La_2O_3 含量变化对 SiO_4^{4-} 四面体对称伸缩振动波段带影响更大，La_2O_3 对 SiO_4^{4-} 四面体网络结构的解聚作用更强烈。La_2O_3 在 $x(CaO)/x(SiO_2)$ 较低时，对熔体电导率的影响更大。

$x(CaO)/x(SiO_2)$ 较低时，Ca^{2+} 对熔体网络结构的破坏作用较小，此时 La^{3+} 的加入会对网络结构造成很大破坏，所以 La_2O_3 对熔体电导率的影响更大；$x(CaO)/x(SiO_2)$ 较高时，Ca^{2+} 已经对网络结构造成较大破坏，此时 La^{3+} 的加入对网络结构的破坏效应减弱，La_2O_3 对熔体电导率的影响也比较小。

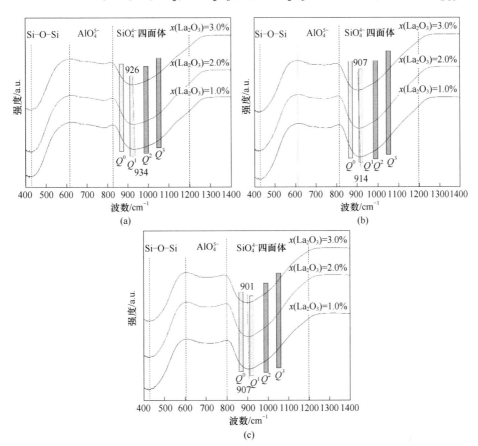

图 3.10 不同 $x(CaO)/x(SiO_2)$ 条件下 La$_2$O$_3$ 对熔体结构影响的红外光谱分析

（a） $x(CaO)/x(SiO_2) = 0.25$；（b） $x(CaO)/x(SiO_2) = 0.42$；（c） $x(CaO)/x(SiO_2) = 0.55$

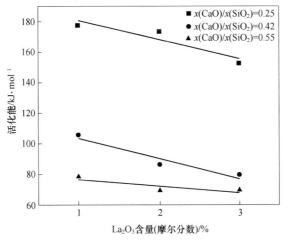

图 3.11 不同 $x(CaO)/x(SiO_2)$ 条件下活化能与 La$_2$O$_3$ 含量的关系

3.3.2 不同 Al_2O_3 含量下 La_2O_3 对熔体电导率的影响

取样品体系中 14~25 号样品 1425~1550℃ 温度区间的实验测量值，如表 3.7 所示。

表 3.7   样品体系不同成分点的电导率 （S/cm）

序号	1823K	1798K	1773K	1748K	1723K	1698K
14	0.06990	0.06602	0.06232	0.05668	0.05089	0.04505
15	0.06574	0.06239	0.05770	0.05259	0.04667	0.04054
16	0.06468	0.05935	0.05364	0.04816	0.04235	0.03646
17	0.06008	0.05539	0.04859	0.04297	0.03615	0.03012
18	0.07297	0.07030	0.06552	0.06049	0.05475	0.04880
19	0.07170	0.06788	0.06298	0.05816	0.05283	0.04680
20	0.06534	0.06112	0.05632	0.05063	0.04453	0.03819
21	0.06261	0.05835	0.05301	0.04664	0.04009	0.03354
22	0.08453	0.08184	0.07861	0.07463	0.06956	0.06353
23	0.07474	0.07300	0.06870	0.06442	0.05847	0.05279
24	0.06995	0.06661	0.06252	0.05665	0.05110	0.04493
25	0.06939	0.06309	0.05758	0.05030	0.04367	0.03735

不同 Al_2O_3 含量条件下电导率与温度的拟合关系如图 3.12 所示，根据图 3.12 分析计算得到电导率的活化能数据，并绘制不同 Al_2O_3 含量条件下活化能与 La_2O_3 含量的关系如图 3.14 所示，发现随着 Al_2O_3 含量增大，活化能增大。La_2O_3 含量（摩尔分数）由 1% 增加到 3%，当 Al_2O_3 含量（摩尔分数）为 1% 时，活化能减小了 32.55kJ/mol；当 Al_2O_3 含量（摩尔分数）为 9% 时，活化能减小了 15.37kJ/mol。以上结果表明：Al_2O_3 含量低时，La_2O_3 对熔体活化能影响较大；Al_2O_3 含量高时，La_2O_3 对熔体活化能影响较小。

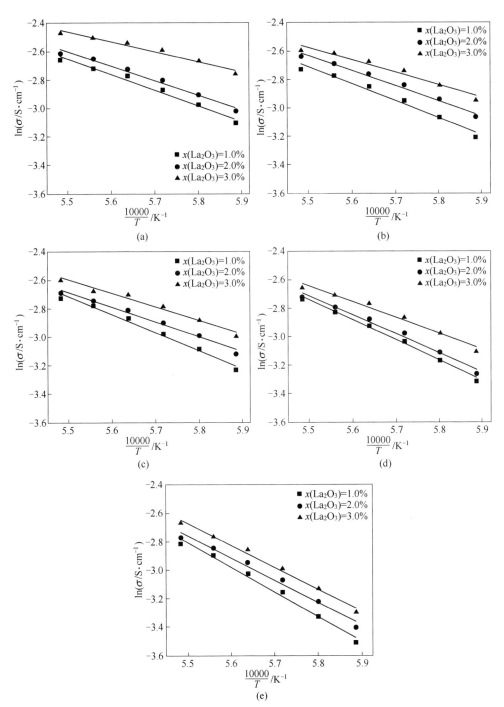

图 3.12 不同 Al_2O_3 含量下电导率与温度的拟合关系

（a）$x(Al_2O_3)=1\%$；（b）$x(Al_2O_3)=3\%$；（c）$x(Al_2O_3)=5\%$；（d）$x(Al_2O_3)=7\%$；（e）$x(Al_2O_3)=9\%$

不同 Al_2O_3 含量条件下 La_2O_3 对熔体结构影响的红外光谱如图 3.13 所示，La_2O_3 含量增加，$400\sim600cm^{-1}$ 的吸收峰变化不明显，$600\sim800cm^{-1}$ 波段的特征峰也无明显变化，说明 Al_2O_3 含量不同时，改变 La_2O_3 含量对铝酸盐的结构影响不大。在 $800\sim1200cm^{-1}$ 范围内，La_2O_3 含量增加使 SiO_4^{4-} 四面体对称伸缩振动波段带中心向波数较低方向偏移。La_2O_3 含量（摩尔分数）由 1.0% 增加到 3.0%，当 Al_2O_3 含量（摩尔分数）为 1% 时，SiO_4^{4-} 四面体结构的带中心波数由 $913cm^{-1}$ 减小至 $902cm^{-1}$；Al_2O_3 含量（摩尔分数）为 9% 时，带中心向波数由 $917cm^{-1}$ 减小至 $914cm^{-1}$。相比之下，Al_2O_3 含量低时，La_2O_3 含量变化对 SiO_4^{4-} 四面体对称伸缩振动波段带影响更大，La_2O_3 对 SiO_4^{4-} 四面体网络结构的解聚作用更强烈。La_2O_3 在 Al_2O_3 含量较低时对熔体电导率的影响更大。Al^{3+} 可以和桥氧或者非桥氧以共价键形式结合，当足够数量金属阳离子参与 Al^{3+} 的电荷补偿时，Al^{3+} 会形成 AlO_4^{5-} 四面体并融入 SiO_4^{4-} 网络结构中，导致电导率下降。本书研究中摩尔分数之比 $x(MgO+CaO)/x(Al_2O_3)>1$，Al^{3+} 全部电荷补偿完全并且以 AlO_4^{5-} 四面体形式稳定存在，随着 Al_2O_3 含量增加，Al^{3+} 电荷补偿所需金属阳离子数目增多，熔体中自由移动的 Mg^{2+} 和 Ca^{2+} 变少，Mg^{2+} 和 Ca^{2+} 在熔体中是网络修饰体，破坏熔体网络结构，使得熔体解聚，因此随 Al_2O_3 含量增加，熔体网络结构更加复杂，使高温熔体电导率减小[14-15]。

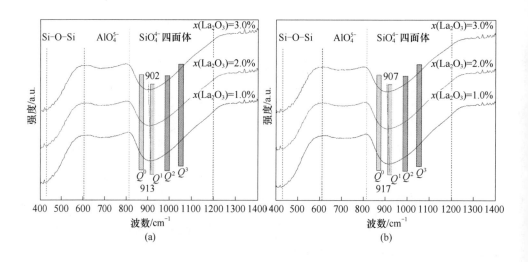

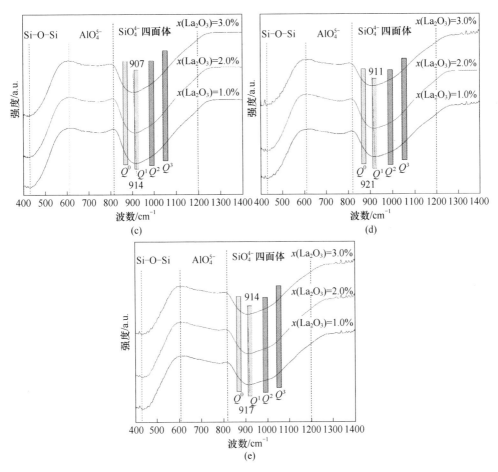

图 3.13 不同 Al_2O_3 含量下 La_2O_3 对熔体结构影响的红外光谱分析

(a) $x(Al_2O_3)=1\%$;（b）$x(Al_2O_3)=3\%$；（c）$x(Al_2O_3)=5\%$；

（d）$x(Al_2O_3)=7\%$；（e）$x(Al_2O_3)=9\%$

RE_2O_3 能与 Al_2O_3 相结合形成 $xRE_2O_3 \cdot yAl_2O_3$ 类化合物[16]。加入 RE_2O_3 后，熔体中 AlO_5^{7-} 增加，表明硅酸盐网络结构发生解聚[17]。熔体网络解聚需要更多的补偿电荷，而随着 RE_2O_3 含量的增加，熔体中 AlO_6^{9-} 八面体增加，表明需要更多的正电荷。La^{3+} 和 Ca^{2+} 共同中和 AlO_6^{9-} 单元的负电荷，由于本书相关研究的样品中 La_2O_3 含量较低，所以当 Al_2O_3 含量较低时，这种解聚中和效应比较明显，La_2O_3 的加入对网络结构产生较大影响，La_2O_3 对熔体电导率的影响大。当 Al_2O_3 含量较高时，La^{3+} 的作用较弱，对熔体电导率的影响也比较小。

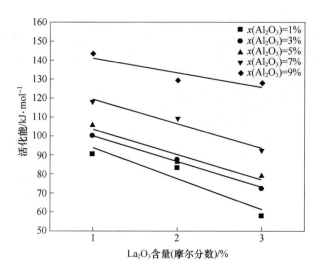

图 3.14　Al_2O_3 含量不同时的活化能与 La_2O_3 含量的关系

3.4　SiO_2-CaO-Al_2O_3-MgO-La_2O_3 系熔体电导率模型

高温熔体电导率的测定条件要求高，现实中很难实现大量熔体电导率的实际测量。电导率又对硅铝酸盐熔体的复杂结构非常敏感，所以想要描述较大成分变化范围的电导率随成分变化行为也很困难，而且有关电导率的研究基本都停留在实验测量上，理论研究较少。因此，需要一种方法可以不通过实验测量就能得到相对准确的电导率，电导率模型应运而生。目前，关于电导率模型的研究中，针对含有稀土元素渣系的模型研究比较少，而且各个模型所针对的熔体渣系组分有很大差别，模型的适用范围有所不同，还没有可以很好地描述含稀土硅铝酸盐熔体电导率随温度和成分变化关系的理论模型。本节研究稀土矿渣玻璃陶瓷基础体系 SiO_2-CaO-Al_2O_3-MgO-La_2O_3 熔体的电导率模型。

3.4.1　电导率模型参数计算

从第 3.3 节的研究中可以看出，电导率与温度的关系满足 Arrhenius 公式，并且随着温度的增加，电导率增加。根据电导率-温度曲线关系，分析、拟合并计算实验样品的活化能和指前因子对数值，结果如表 3.8 所示。使用部分本书相关研究体系测量数据对电导率模型进行修正，使用剩余样品（4号、6号、10号、18号、21号）数据验证修正后的电导率模型。

表 3.8 样品不同成分点的模型参数

序号	E/kJ·mol^{-1}	$\ln A$/S·cm^{-1}	A^{corr}
1	113.141	4.744	0.5695
2	106.406	4.307	0.5738
3	105.227	4.246	0.5781
5	86.783	3.055	0.5866
7	78.802	2.612	0.5948
8	178.412	8.495	0.5497
9	77.773	2.520	0.5980
11	69.562	2.054	0.6063
12	153.188	7.179	0.5667
13	68.961	2.172	0.6145
14	90.650	3.346	0.5868
15	99.771	3.893	0.5824
16	117.487	5.032	0.5741
17	143.184	6.671	0.5703
19	87.428	3.153	0.5907
20	110.394	4.586	0.5826
22	58.102	1.383	0.6033
23	72.905	2.248	0.5990
24	91.698	3.420	0.5909
25	127.808	5.787	0.5871

3.4.2 电导率模型修正

Arrhenius 方程中指前因子 A 和活化能 E 之间满足如下关系：

$$\ln A = mE + n \qquad (3.2)$$

式中，m、n 为常数。

式 3.2 为温度补偿，适用于电导率、黏度、扩散系数、反应动力学速率常数等性质。统计分析实验获得的表 3.8 中部分数据，得到 $\ln A$ 与 E 的关系如图 3.15 所示。图 3.15 中 $\ln A$ 与 E 的关系表示如下：

$$\ln A = -2.1294 + 6.0603 \times 10^{-5} E \tag{3.3}$$

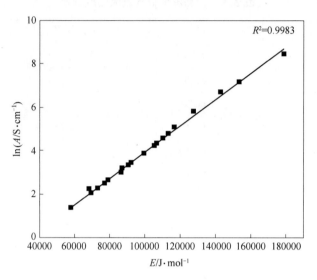

图 3.15　实验体系 $\ln A$ 与 E 的关系

Mills[18] 采用了修正光学碱度 Λ^{corr} 的方法计算 Arrhenius 方程中的参数 A 和 E，其模型一般称为 NPL 模型。对于含 Al_2O_3 的体系，考虑到 Al_2O_3 的电荷补偿效应，参与补偿的碱性氧化物的影响在计算 Λ^{corr} 时予以扣除。本书相关研究样品体系为 SiO_2-CaO-Al_2O_3-MgO-La_2O_3，CaO 摩尔分数大于 Al_2O_3 摩尔分数，计算 Λ^{corr} 的公式如下：

$$\Lambda^{corr} = \frac{\begin{array}{l}\Lambda(CaO)[x(CaO) - x(Al_2O_3)] + \Lambda(MgO) \cdot x(MgO) + \\ 3\Lambda(Al_2O_3)x(Al_2O_3) + 2\Lambda(SiO_2) \cdot x(SiO_2) + 3\Lambda(La_2O_3) \cdot x(La_2O_3)\end{array}}{x(CaO) - x(Al_2O_3) + x(MgO) + 3x(Al_2O_3) + 2x(SiO_2) + 3x(La_2O_3)} \tag{3.4}$$

不同氧化物的光学碱度值见表 3.9[18-19]。根据式 3.4 计算实验样品的修正光学碱度值，并列于表 3.9 中。

表 3.9　不同氧化物的光学碱度值

CaO	SiO₂	MgO	Al₂O₃	La₂O₃
1.0	0.48	0.78	0.60	1.048

为了研究电导率与光学碱度的关系，以 1773K 为例，并以 SiO_2-CaO-Al_2O_3-MgO-La_2O_3 体系电导率的对数 $\ln\sigma$ 为纵坐标、修正光学碱度 Λ^{corr} 为横坐标作图，如图 3.16 所示。分析图 3.16 可以得出：温度恒定时，$\ln\sigma$ 和 Λ^{corr} 存在较好的线性关系。

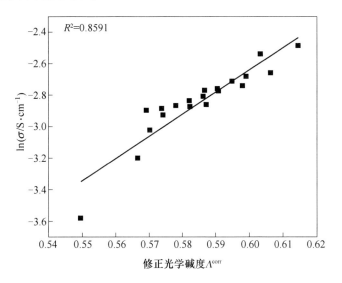

图 3.16 1773K 时实验体系 $\ln\sigma$ 与 Λ^{corr} 的关系

$$E = m'\Lambda^{corr} + n' \tag{3.5}$$

式中，m'、n' 为常数，J/mol。

拟合分析表 3.8 中实验数据以优化参数 m'、n' 的值，如图 3.17 所示，得到 SiO_2-CaO-Al_2O_3-MgO-La_2O_3 五元系电导率活化能 E 的表达式如下：

$$E = -1811320\Lambda^{corr} + 1161980 \tag{3.6}$$

Arrhenius 公式、式 3.3 和式 3.6 的组合即为描述电导率随温度和成分变化的模型。若要研究 SiO_2-CaO-Al_2O_3-MgO-La_2O_3 五元体系的电导率，则可根据式 3.4 计算修正光学碱度，再代入式 3.6 计算样品活化能 E，然后将活化能数值代入式 3.3 得到 $\ln A$，最后根据 Arrhenius 公式计算得到样品不同温度下的电导率。

$$\Delta = \frac{1}{N}\sum_{i=1}^{N}\frac{|\sigma_{i,\ mea} - \sigma_{i,\ cal}|}{\sigma_{i,\ mea}} \times 100\% \tag{3.7}$$

根据平均误差公式 3.7，利用本书模型计算的 SiO_2-CaO-Al_2O_3-MgO-La_2O_3 五元系的电导率平均误差为 6.54%，最大误差为 30.05%，最小误差

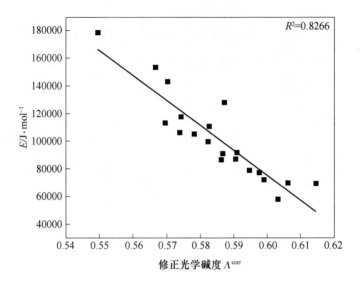

图 3.17　1773K 时实验体系 E 和 Λ^{corr} 的关系

为 0.05%。实验测量电导率和理论计算电导率的比较如图 3.18 所示,实验测量电导率与理论计算电导率呈正相关且数值相差不大,模型可以描述 $SiO_2\text{-}CaO\text{-}Al_2O_3\text{-}MgO\text{-}La_2O_3$ 五元系在 1698~1823K 温度范围内电导率随成分和温度的变化行为。

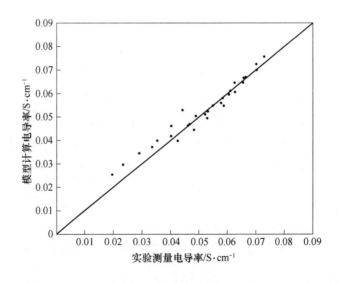

图 3.18　模型计算和实验测量电导率的比较

3.5 SiO$_2$-CaO-Al$_2$O$_3$-MgO-La$_2$O$_3$系熔体电导率与黏度关系

电导率和黏度是硅铝酸盐熔体两个十分重要的传输性质，对其数据的准确掌握无论是实际生产还是熔体物性研究都具有重要意义。玻璃陶瓷熔体的电导率和黏度是电熔窑运行最重要的参数，对产品的能耗、质量以及电熔窑模型的建立起着十分重要的作用。考虑到高温条件实验测量的准确性，很难同时获得同一组分在同一温度下的电导率和黏度数据，而且一般来讲，仅仅通过实验测量远远不能满足实际需要，通过模型利用已知的数据拟合出性质与成分和温度的关系，从而对其他成分点的性质进行预测显得越来越重要。但是由于拟合参数需要大量比较准确的实验数据。如果能够在电导率和黏度之间建立一个定量关系，便可以根据一个性质计算另外一个性质，可以极大地拓宽数据来源，尤其是可以利用丰富的黏度数据来计算电导率。然而，目前文献中关于硅铝酸盐熔体电导率和黏度关系的研究还比较少。定量研究电导率和黏度的关系需要同时具有某个成分点的电导率和黏度数据。使用部分本书相关实验测量的电导率数据（选取实验样品序号为1、2、3、4、5、6、10、11、18、19、20、21）结合相同研究体系实验测量的黏度数据对电导率和黏度的关系进行详细的研究。

在1400~1550℃温度范围内，绘制黏度的对数值与电导率的对数值关系曲线，如图3.19所示，可以发现电导率和黏度基本符合线性变化关系且变化趋势相反。部分以$x(\mathrm{CaO})/x(\mathrm{SiO_2})$为实验变量的数据偏差较大，因为样品体系中$x(\mathrm{CaO})/x(\mathrm{SiO_2})$变化较大，且$x(\mathrm{CaO})/x(\mathrm{SiO_2})$改变对熔体结构影响很大，同时电导率和黏度的变化趋势与熔体结构密切相关，导致实验变量为$x(\mathrm{CaO})/x(\mathrm{SiO_2})$的样品电导率黏度数据规律符合性较差。

根据图3.19所示的电导率-黏度变化曲线，拟合分析黏度对数和电导率对数，得出二者关系如下：

$$\ln\eta = -5.00 - 2.14\ln\sigma \qquad (3.8)$$

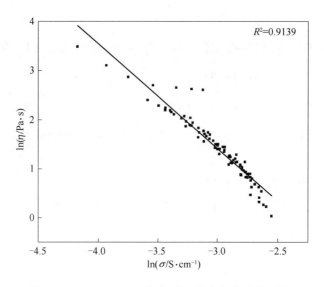

图 3.19　实验硅铝酸盐体系电导率与黏度关系图

3.6　本章小结

本章通过四电极法测定 SiO_2-CaO-Al_2O_3-MgO-La_2O_3 系高温熔体的电导率，研究温度、La_2O_3 含量、$x(CaO)/x(SiO_2)$ 和 Al_2O_3 含量对熔体电导率的影响，并采用红外光谱分析 La_2O_3 对熔体结构的作用规律。基于 Arrhenius 公式和修正光学碱度建立电导率模型，结合本书相关实验数据对模型的参数系数进行修正和验证，并建立 SiO_2-CaO-Al_2O_3-MgO-La_2O_3 系熔体电导率和黏度的数值关系。主要研究结论如下：

（1）随温度升高，熔体电导率增大，电导率-温度曲线没有明显转折点，温度对 SiO_2-CaO-Al_2O_3-MgO-La_2O_3 系熔体电导率的影响规律符合 Arrhenius 公式。红外光谱显示，随 La_2O_3 含量增加，SiO_4^{4-} 四面体波段带及其带中心向低波方向偏移，Q^2 和 Q^3 吸收峰明显变小，表明 La_2O_3 在本书相关研究体系中起网络修饰体的作用，使 SiO_4^{4-} 四面体网络结构解聚，熔体结构趋于简单化，熔体中自由移动离子数目增多，熔体电导率增大，且电导率和 La_2O_3 含量成正比例关系。随 La_2O_3 含量增加，电导率的活化能降低，电导率的活化能和熔体电导率变化趋势相反。

（2）随 $x(CaO)/x(SiO_2)$ 增加，熔体电导率增大。且低 $x(CaO)/$

$x(SiO_2)$ 时，电导率-温度曲线存在转折点，La_2O_3 含量增加，曲线斜率变化较大，La_2O_3 在 $x(CaO)/x(SiO_2)$ 较低时对熔体电导率的影响更大。随 Al_2O_3 含量增加，熔体电导率减小。当 Al_2O_3 含量低时，La_2O_3 含量增加，电导率-温度曲线更加分散且斜率变化更大，La_2O_3 在 Al_2O_3 含量较低时对熔体电导率的影响更大。红外光谱显示，熔体中 $x(CaO)/x(SiO_2)$ 和 Al_2O_3 含量较低时，随 La_2O_3 含量增加 SiO_4^{4-} 四面体波段带中心向低波方向偏移且波数变化更大，同时 Q^2 和 Q^3 吸收峰的变化更明显，表明 La_2O_3 对 SiO_4^{4-} 四面体的解聚作用更强。$x(CaO)/x(SiO_2)$ 越低，La_2O_3 含量变化对电导率的活化能影响越明显。Al_2O_3 含量越低，La_2O_3 含量变化对电导率的活化能影响越明显。

（3）针对本书研究的 $SiO_2-CaO-Al_2O_3-MgO-La_2O_3$ 五元体系，基于 Arrhenius 公式和修正光学碱度建立熔体电导率模型，结合本书相关实验电导率数据，在 1698～1823K 温度区间内考虑 La_2O_3 的光学碱度对电导率模型参数的系数 m、n 进行修正，修正后的系数 m 和 n 为 $6.0603×10^{-5}$ 和 -2.1294。对修正后得到的电导率模型进行验证，最大误差为 30.05%，最小误差为 0.05%，平均误差为 6.54%，模型能够很好地预测本书研究体系熔体电导率随成分和温度的变化行为。

参 考 文 献

[1] 刘雪波，贾晓林，邓磊波，等. CaF_2 对复合矿渣微晶玻璃结构与力学性能的影响 [J]. 硅酸盐通报，2014，33（10）：2579-2582.

[2] GUO W T, WANG Z, ZHAO Z W, et al. Effect of CeO_2 on the viscosity and structure of high-temperature melt of the $CaO-SiO_2$ （$-Al_2O_3$）$-CeO_2$ system [J]. Journal of Non-Crystalline Solids，2020，540（15）：120085.

[3] DENG L B, ZHANG X F, ZHANG M X, et al. Effect of CaF_2 on viscosity, structure and properties of $CaO-Al_2O_3-MgO-SiO_2$ slag glass ceramics [J]. Journal of Non-Crystalline Solids，2018，500（15）：310-316.

[4] VIRGO D, MYSEN B O, KUSHIRO I. Anionic constitution of 1-atmosphere silicate melts: Implications for the structure of igneous melts [J]. Science，1980，208（4450）：371-373.

[5] LI T L, ZHAO C G, SUN C Y, et al. Roles of MgO and Al_2O_3 in viscous and structural behavior of blast furnace primary slag with C/S = 1.4 [J]. Metallurgical and Materials Transactions B，2020，51（6）：2724-2734.

[6] ARONNE A, ESPOSITO S, PERNICE P. FTIR and DTA study of lanthanum aluminosilicate glasses [J]. Materials Chemistry and Physics, 1997, 51 (2): 163-168.

[7] MARCHI J, MORAIS D S, SCHNEIDER J, et al. Characterization of rare earth aluminosilicate glasses [J]. Journal of Non-Crystalline Solids, 2005, 351 (10): 863-868.

[8] 韩建军, 尹鹏, 谢俊, 等. La_2O_3 对 $SiO_2-Al_2O_3-CaO-MgO$ 系统玻璃结构与性能的影响 [J]. 硅酸盐通报, 2017, 36 (1): 156-160.

[9] 全晓聪. 碱 (土) 金属对硅酸盐连续纤维成纤及性能影响研究 [D]. 石家庄: 河北地质大学, 2022.

[10] SUN C Y, LIU X H, JING L, et al. Influence of Al_2O_3 and MgO on the viscosity and stability of $CaO-MgO-SiO_2-Al_2O_3$ slags with $CaO/SiO_2 = 1.0$ [J]. ISIJ International, 2017, 57 (6): 978-982.

[11] 贾博然. 铝硅酸盐熔体结构和性能的分子动力学模拟研究 [D]. 重庆: 重庆大学, 2020.

[12] 王智, 郭文涛, 赵增武, 等. La_2O_3 对 $SiO_2-CaO-Al_2O_3-MgO$ 熔体黏度和结构的影响 [J]. 有色金属工程, 2020, 10 (8): 20-26.

[13] 吴永全. 硅酸盐熔体微观结构及其与宏观性质关系的理论研究 [D]. 上海: 上海大学, 2004.

[14] 刘俊昊. 氧化物熔渣电解相关基础研究 [D]. 北京: 北京科技大学, 2016.

[15] 郭宏伟, 童强, 刘磊, 等. CaO 含量对铝硼硅玻璃理化性能的影响与机理 [J]. 玻璃, 2020, 47 (2): 1-8.

[16] CHARPENTIER T, OLLIER N, LI H. RE_2O_3-alkaline earth-aluminosilicate fiber glasses: Melt properties, crystallization, and the network structures [J]. Journal of Non-Crystalline Solids, 2018, 492 (15): 115-125.

[17] QI J, LIU C J, ZHANG C, et al. Effect of Ce_2O_3 on structure, viscosity, and crystalline phase of $CaO-Al_2O_3-Li_2O-Ce_2O_3$ slags [J]. Metallurgical and Materials Transactions B, 2017, 48B (1): 11-16.

[18] Mills K C, SRIDHAR S. Viscosities of ironmaking and steelmaking slags [J]. Ironmaking and Steelmaking, 1999, 26 (4): 262-268.

[19] 赵新宇, 王晓丽, 张木, 等. 稀土氧化物氧离子电极化率和光学碱度 [J]. 沈阳工业大学学报, 2008, 30 (6): 658-661.

4 稀土对硅铝酸盐高温熔体结构的影响

稀土元素能够影响材料的组织结构和性能，在提高玻璃陶瓷综合性能方面发挥着重要作用。利用白云鄂博尾矿和粉煤灰等工业废弃物能够制备出性能优良的稀土玻璃陶瓷，相关研究注重于后续的核化、晶化过程，对其前序熔制过程采用"黑箱"方法来处理，而对于高温熔体物性、结构特征的研究还比较欠缺。本章围绕稀土对玻璃陶瓷高温熔体微观结构的影响这一问题，首先，采用拉曼光谱技术，结合 XPS，研究 La_2O_3 含量以及在不同 $x(CaO)/x(SiO_2)$ 及 Al_2O_3 含量条件下 La_2O_3 对 $SiO_2-CaO-Al_2O_3-MgO$ 系高温熔体结构的影响，揭示 La_2O_3 对体系中硅氧四面体的影响规律；其次，采用拉曼光谱技术，结合 XRD 和 SEM-EDS，研究了变温（1550~1100℃）过程中，La_2O_3 含量对 $SiO_2-CaO-Al_2O_3-MgO$ 系高温熔体拉曼峰位以及物相结构、显微结构的影响，揭示含 La_2O_3 熔体内各结构单元峰位随温度的变化规律以及 La_2O_3 对物相结构的影响规律。

4.1 体系设计与研究方法

4.1.1 成分体系设计

本节以 $SiO_2-CaO-Al_2O_3-MgO$ 系高温熔体为研究对象，分析高温熔体中成分含量及温度对其微观结构的影响规律。实验技术路线如图 4.1 所示。实验主要分为四个阶段：第一阶段使用高温气氛管式炉制作淬冷样品，从 1550℃开始到 1100℃结束，每隔 50℃制备一个淬冷样品。第二阶段对淬冷样品进行拉曼光谱、XPS、XRD 和 SEM-EDS 检测。第三阶段分析检测结果，研究 La_2O_3 对 $SiO_2-CaO-Al_2O_3-MgO$ 系高温熔体拉曼谱线、各结构单元拉曼峰位、晶相以及体系内各结构单元相对含量的影响。第四阶段将得到的结构信息与熔体的物性相结合，分析并总结 La_2O_3 对 $SiO_2-CaO-Al_2O_3-MgO$ 系高温熔体结构的影响规律。

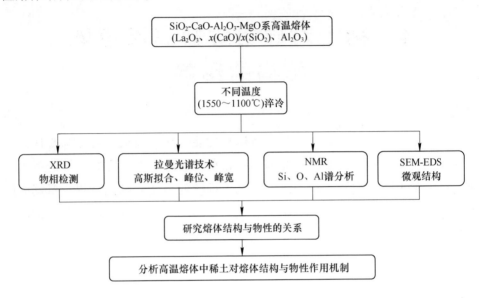

图 4.1 技术路线图

以白云鄂博尾矿和粉煤灰为主要原料生产的稀土玻璃陶瓷基础体系为 SiO_2-CaO-Al_2O_3-MgO[1]。为研究 La_2O_3 含量对高温熔体结构的影响，以及在不同 $x(CaO)/x(SiO_2)$ 和 Al_2O_3 含量条件下 La_2O_3 对高温熔体结构的影响，设计了如表 4.1 所示的实验配料方案。实验配料方案共分为三个部分：第一部分以 La_2O_3 含量为变量，研究 La_2O_3 对 SiO_2-CaO-Al_2O_3-MgO 系高温熔体结构的影响；第二部分研究在不同 $x(CaO)/x(SiO_2)$ 条件下，La_2O_3 对 SiO_2-CaO-Al_2O_3-MgO 系高温熔体结构的影响；第三部分研究在不同 Al_2O_3 含量条件下，La_2O_3 对 SiO_2-CaO-Al_2O_3-MgO 系高温熔体结构的影响。本书相关实验的原料 $CaCO_3$、SiO_2、MgO、Al_2O_3、CaF_2 和 La_2O_3 均采用阿拉丁分析纯试剂。将 $CaCO_3$ 放入马弗炉，在 1100℃ 条件下烧制 10h 得到实验配料方案中所需的 CaO。

表 4.1 实验配料方案 （摩尔分数，%）

序号	CaO	SiO$_2$	MgO	Al$_2$O$_3$	La$_2$O$_3$
1	25.51	61.22	8.12	5.10	0
2	25.26	60.61	8.08	5.05	1.00
3	25.00	60.00	8.00	5.00	2.00

序号	CaO	SiO$_2$	MgO	Al$_2$O$_3$	La$_2$O$_3$
4	24.75	59.39	7.92	4.95	3.00
5	17.35	69.39	8.16	5.10	0
6	17.00	68.00	8.00	5.00	2.00
7	30.78	55.96	8.16	5.10	0
8	30.16	54.84	8.00	5.00	2.00
9	26.04	62.50	8.34	3.12	0
10	25.52	61.25	8.17	3.06	2.00
11	25.00	60.00	8.00	7.00	0
12	24.50	58.80	7.84	6.86	2.00

4.1.2　淬冷样品的制备

Mysen 等[2]研究发现淬冷后各结构单元的变化可以忽略不计，且淬冷样品的结构特征在熔融状态下也同样适用。因此，可以通过研究淬冷样品的方式来达到研究高温熔体结构的目的。淬冷样品的制备共有以下两个步骤：

（1）预熔样品：按照表 4.2 进行配料，使用如图 4.2（a）所示的高温

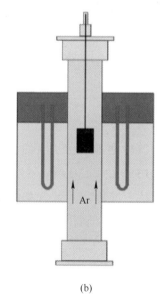

(a) (b)

图 4.2　实验设备

（a）实物图；（b）示意图

气氛管式炉来进行预熔，预熔操作如图4.2（b）所示。将配置好的原料混合均匀，放入钼坩埚中压实，盖紧坩埚盖，形成一个密闭的空间，用钼丝固定钼坩埚并悬挂吊于管式炉恒温区内。加热升温至1550℃后（室温至1000℃温度区间内，管式炉的升温速率为7℃/min；1000～1550℃温度区间内，管式炉的升温速率为5℃/min），开始进行保温，保温时长为4h。同时整个过程通入氩气（流量保持在2L/min），尾气通过气路处理，并使用RX-100高效脱氧管作为气体净化装置进行脱氧，保证气体的纯度；使用变色硅胶水进行脱水，保证气体干燥。保温时间结束后，开启炉体的上、下炉盖，将样品浇铸至钢模中，冷却后即得到预熔样品。预熔样品过程中温度与时间的关系如图4.3所示。

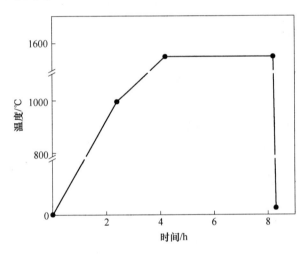

图4.3　样品预熔过程中的时间-温度关系

（2）淬冷实验：使用高温气氛管式炉制备1550℃、1500℃、1450℃、1400℃、1350℃、1300℃、1250℃、1200℃、1150℃和1100℃十个温度下的淬冷样品，淬冷实验装置如图2.27所示。制备1550℃淬冷样品时需取2g预熔样品放入钼片制作的钼舟中，并用钼丝固定悬挂吊于管式炉恒温区内。加热升温至1550℃后（室温至1000℃温度区间内，管式炉的升温速率为7℃/min；1000～1550℃温度区间内，管式炉的升温速率为5℃/min），开始进行保温，保温时长为2h，然后以5℃/min的速率降至所需温度（1550～1100℃）并保温4h，同时整个过程中通入氩气作为保护气体（流量保持在2L/min）。待保温时间结束，打开炉体上、下炉盖，剪断钼丝，使钼舟掉入水中迅速冷却,最终得到1550℃的淬冷样品[3]。淬冷实验的时间–温度关系图如图4.4所示。

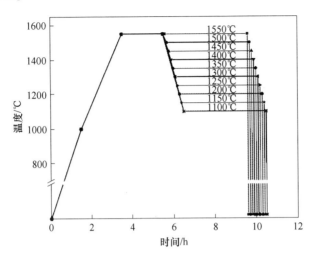

图4.4 淬冷样品制备过程中的时间–温度关系

4.1.3 测试方法

4.1.3.1 XRD检测与分析

材料经X射线照射后会产生不同的衍射现象,通过对其衍射图谱进行分析,就可以获取相应的物相信息。为获取淬冷样品的物相信息以研究La_2O_3对SiO_2-CaO-Al_2O_3-MgO系高温熔体结构的作用机制,需要对制备出的淬冷样品进行XRD检测。检测设备为D8 ADVANCE型X射线衍射仪。之后利用Search-Match软件对XRD的检测数据进行分析。

4.1.3.2 拉曼光谱检测与分析

拉曼光谱可以作为可靠依据来定性分析分子结构的原因在于不同化学键或基团均具有特征的分子振动,这使得其对应的拉曼光谱中的位移也具有特征性[4]。

为研究熔体内硅氧四面体、铝氧四面体等基本结构单元的变化情况,要对淬冷样品进行拉曼光谱检测。检测所用的设备为inVia-Qontor型共聚焦拉曼光谱仪(Renishaw公司生产)。同时,使用532nm激光器作为激发光源,其功率为 12.5mW，积分时间为 1.5s，累计 5 次，循环时间为 10s，扫描范围为 $200 \sim 2000 cm^{-1}$。

拉曼光谱中 $800 \sim 1200 cm^{-1}$ 范围内的谱峰反映 $[SiO_4]$ 内 $Si—O_{nb}$ 间非桥氧的对称伸缩振动；$400 \sim 800 cm^{-1}$ 范围内的谱峰反映 $[SiO_4]$ 间桥氧的弯曲或伸缩振动；$400 cm^{-1}$ 以下的谱峰则与金属和氧之间的振动及晶格骨架间点阵振动模式相对应[3]。

熔融态硅酸盐的拉曼谱线一般为包络线，由多种结构单元的特征谱峰重叠形成，代表体系内同时含有几种 $Q^{n[5]}$。根据其内含有桥氧数量的不同，Q^n 共有 5 种类型，分别是 Q^0、Q^1、Q^2、Q^3 和 Q^4，其结构示意图如图 4.5 所示。各结构单元在拉曼光谱中都有着对应的位移分布，表 4.2 是不同研究者[6-19]研究得到的位移区信息。

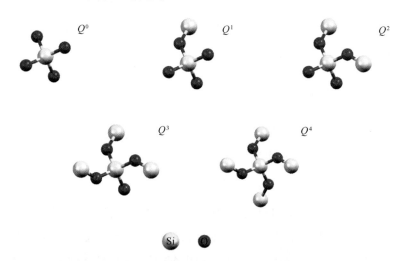

图 4.5　5 种硅氧四面体结构示意图

表 4.2　通过淬冷硅酸盐玻璃测得的各结构单元的拉曼光谱位移区

结构单元	拉曼位移/cm^{-1}	结构单元（Q^n）	拉曼位移/cm^{-1}
$[TO_4]_4$	$365 \sim 380$	Q^0	$850 \sim 880$
$[TO_4]_6$	$380 \sim 480$	Q^1	$900 \sim 930$
$Al—O—Al$	$550 \sim 590$	Q^2	$950 \sim 1000$
$Si—O—Al$	$625 \sim 644$	Q^3	$1040 \sim 1060$
$[AlO]_4$	$730 \sim 840$	Q^4	$1134 \sim 1170$

4.1.3.3 SEM-EDS 检测与分析

为了进一步确定淬冷样品的物相转变和微观组织形貌，需要对其进行 SEM-EDS 检测，同时针对不同形貌特征进行打点分析。将获得的淬冷样品干燥后镶嵌进环氧树脂中，用型号为 Zeiss FE-SEM（Supra 55）的 SEM 观察其晶相变化，用型号为 Oxford X-max20 的 EDS 附件检测其组成成分，分析样品的表面微观形貌和元素分布。

4.1.3.4 XPS 检测与分析

XPS 技术在使样品保持其原有结构信息方面具有独特的优势，使其能够用于定性和定量分析材料表面的元素组成和含量。同时，通过 XPS 技术还能够有效获取关于元素的化学价态、化学键等方面的信息，故采用 Escalab 250Xi 的光电子能谱仪（美国 Thermo Fisher 公司生产）对淬冷样品进行检测。通过对以光电子的动能/束缚能为横坐标，以相对强度为纵坐标的能谱图进行分析，可以获得淬冷样品中 O、Si、Al 等元素的结合能。

4.2 La₂O₃ 对 SiO₂-CaO-Al₂O₃-MgO 系熔体结构的影响

稀土会影响 SiO₂-CaO-Al₂O₃-MgO 系熔体的微观结构，使其内部的硅氧四面体、铝氧四面体的结构、数量产生变化，进而对熔体的物性（如黏度、电导率等）产生影响。本章采用拉曼光谱与 XPS 结合的方式，通过研究 1550℃淬冷样品拉曼谱线、熔体内部各基本结构单元的变化情况来分析 La₂O₃ 含量以及在不同 $x(\text{CaO})/x(\text{SiO}_2)$、Al₂O₃ 含量条件下 La₂O₃ 对 SiO₂-CaO-Al₂O₃-MgO 系熔体结构的影响。

4.2.1 La₂O₃ 含量对熔体结构的影响

为研究 La₂O₃ 含量对体系结构的影响，向体系中分别加入不同含量的 La₂O₃，使其 La₂O₃ 含量（摩尔分数）分别为 0、1%、2% 和 3%。制备出 1550℃的淬冷样品后，对淬冷样品进行拉曼光谱和 XPS 检测与分析。对各组 1550℃淬冷样品进行 XRD 检测，检测结果如图 4.6 所示。各组 1550℃淬冷样品的 XRD 图谱均为包络线，表明各组 1550℃淬冷样品中没有晶相，全为各向同性的玻璃相。同时也说明淬冷样品制备成功，可以用于高温熔体微观结构的研究。

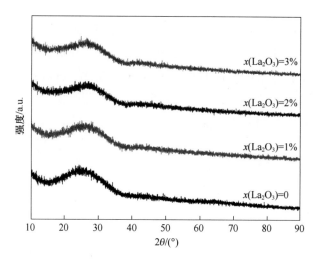

图 4.6 不同 La_2O_3 含量下 1550℃ 淬冷样品的 XRD 图谱

4.2.1.1 熔体结构的拉曼光谱分析

图 4.7 是不同 La_2O_3 含量下淬冷玻璃样品的拉曼谱线。对各组 1550℃ 淬冷样品进行拉曼光谱检测如图 4.8 所示。样品拉曼谱线中低频波段（200～800cm^{-1}）的包络峰由 $[TO_4]_4$、$[TO_4]_6$、Al—O—Al、Si—O—Al 和 $[AlO_4]$ 结构单元的特征谱峰组成，高频波段（800～1200cm^{-1}）的包络峰由 Q^0、Q^1、Q^2、Q^3 和 Q^4 的特征谱峰组成。在频移 740～840cm^{-1} 范围内，随 La_2O_3 含量增加，$[AlO_4]$ 峰的强度逐渐降低，预示着 La_2O_3 使熔体中 $[AlO_4]$ 结构数量逐渐减少。在频移 200～740cm^{-1} 范围内，对应硅氧四面体、铝氧四面体结构的弯曲振动，其中 $[TO_4]_4$ 或 $[TO_4]_6$ 代表 T—O—T 键中桥氧弯曲振动，熔体中加入 La_2O_3 后最高峰峰位向高频偏移，表明 La^{3+} 能够显著影响 T—O—T 的结构。在频移 840～1200cm^{-1} 范围内，随 La_2O_3 含量增加，Q^1、Q^2 附近峰强度增加，但与低频区域相比，其变化幅度较小。图 4.8 是 La_2O_3 含量对熔体结构单元相对含量的影响规律，随 La_2O_3 含量增加，$[TO_4]_4$、$[TO_4]_6$、Al—O—Al、$[AlO_4]$ 的相对含量减少，$(Q^3+Q^4)/(Q^0+Q^1+Q^2)$ 逐渐降低，表明熔体中四面体网络结构变得简单，即 La^{3+} 能够促进硅氧四面

体、铝氧四面体结构的解聚。另外，随 Al—O—Al 和 [AlO$_4$] 含量的降低，Si—O—Al 结构含量增加，表明 La^{3+} 有利于促进形成硅氧四面体和铝氧四面体混合的网络结构。

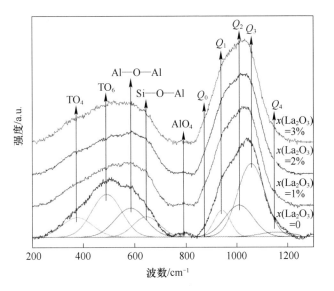

图 4.7 彩图

图 4.7　不同 La$_2$O$_3$ 含量下淬冷玻璃样品的拉曼谱线

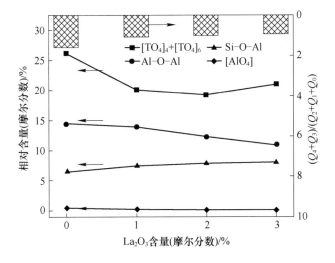

图 4.8　La$_2$O$_3$ 含量对熔体结构单元相对含量的影响规律

　　添加 La_2O_3 后对应的样品网络结构变化示意图如图 4.9 所示。样品中的 $[TO_4]_4$ 和 $[TO_4]_6$ 分别是四元和六元环状结构，环状结构中包含 Al—O—Al、Si—O—Al，Al—O—Al、Si—O—Al 两端分别为铝氧四面体或硅氧四面体，又按其内含有桥氧（BO）数量的不同，可将硅氧四面体分为 Q^0、Q^1、Q^2、Q^3 和 Q^4。La 的配位数高，无法进入到环状结构中，且电场强度较大[20]（CFS $= Z/r^2$，Z 为阳离子价，r 为阳离子半径[21]），所以会破坏环状结构中的 Al—O—Al、Si—O—Al 键，使其断裂，从而导致网络解聚。

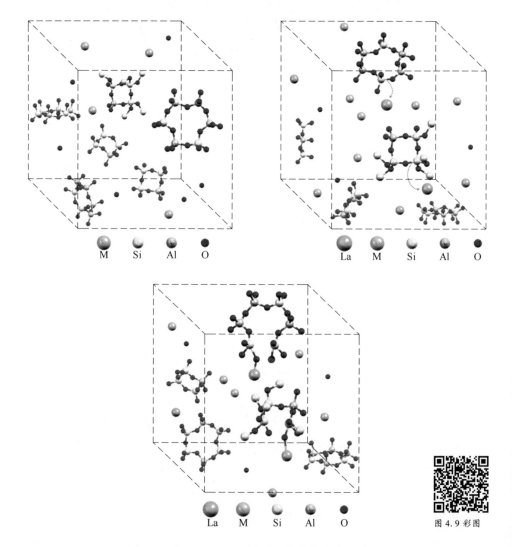

图 4.9 彩图

图 4.9　加入 La_2O_3 后样品网络结构变化示意图

4.2.1.2 熔体结构的 X 光电子能谱分析

各组 1550℃淬冷样品的 XPS 检测结果如图 4.10 所示。对各淬冷样品 XPS 原始图谱进行分析如图 4.11 所示。样品中的氧以非桥氧（NBO）和桥氧（BO）两种形式存在[22]。硅以 Si—O 键和 Si—O$_2$ 键两种形式存在，加入 La$_2$O$_3$ 后，开始出现 La—O 键。铝以 [AlO$_4$] 结构单元和 [AlO$_6$] 结构单元两种形式存在。

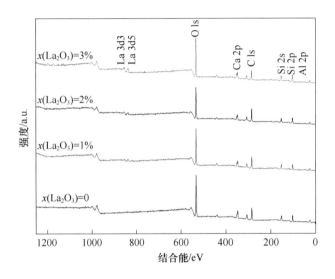

图 4.10 不同 La$_2$O$_3$ 含量下 1550℃淬冷样品的 XPS 原始图谱

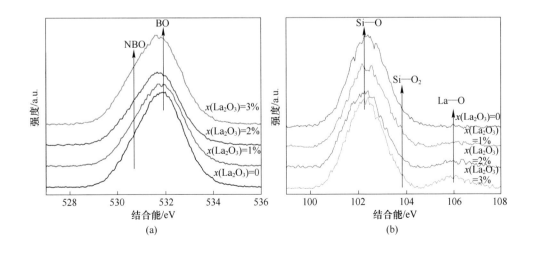

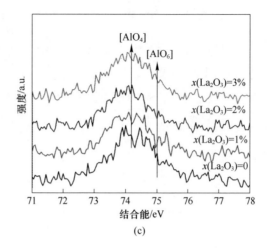

(c)

图 4.11 不同 La_2O_3 含量下淬冷样品的 XPS 图谱

(a) O 1s；(b) Si 2p；(c) Al 2p

　　为了得到更加准确的结果，还需对各淬冷样品进行分峰拟合。拟合后得到了 O 1s 的光电子能谱（见图 4.12），Si 2p 的光电子能谱（见图 4.13），Al 2p 的光电子能谱（见图 4.14）。

　　将各结构单元的相对含量进行统计，得到的结果如图 4.15 所示。La 会破坏 $[TO_4]_4$ 和 $[TO_4]_6$，使部分 BO 键断裂再与其他金属阳离子结合形成 NBO 键。所以随着 La_2O_3 含量的增加，样品中 NBO 键的相对含量逐渐增加，BO 键的相对含量逐渐减少。同时也代表样品中含 BO 键数量高的结构单元逐渐减少，含 NBO 键数量高的结构单元在逐渐增加，体系的聚合度变小。这

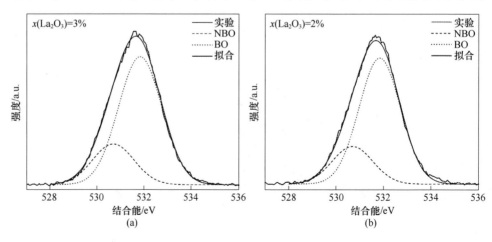

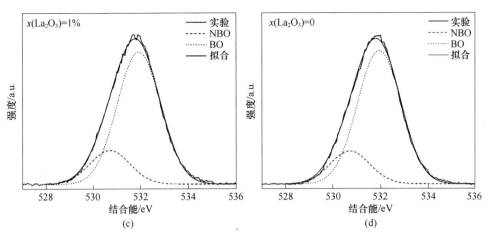

图 4.12　不同 La₂O₃ 含量下 1550℃淬冷样品 O 1s 峰的解谱结果

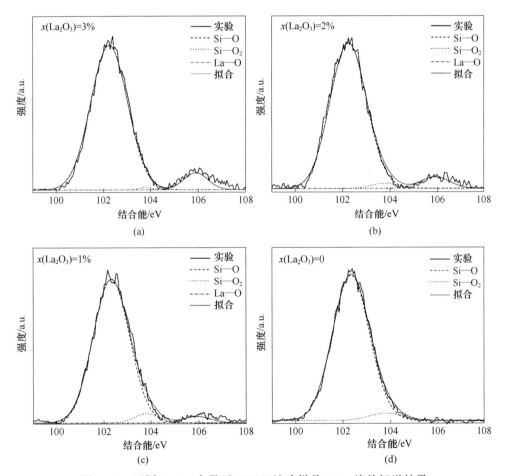

图 4.13　不同 La₂O₃ 含量下 1550℃淬冷样品 Si 2p 峰的解谱结果

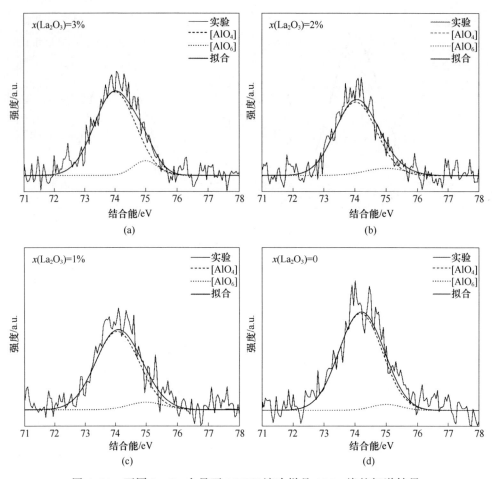

图 4.14　不同 La_2O_3 含量下 1550℃ 淬冷样品 Al 2p 峰的解谱结果

与前文中拉曼谱线高频波段的变化趋势一致。La 还破坏了 Si—O 键和 Si—O$_2$ 键，使其断裂。所以随着 La_2O_3 含量的增加，样品中 Si—O 键和 Si—O$_2$ 键的相对含量逐渐减少。La_2O_3 含量增加，体系中的 La 和 O 同时增加，其中 La 会破坏 [TO$_4$]$_4$ 和 [TO$_4$]$_6$，造成 Al—O—Al 和 Si—O—Al 键断裂；增加的 O 则会与 Al 结合，使 Al 可以形成配位数更高的 [AlO$_6$]。所以随着 La_2O_3 含量的增加，样品中 [AlO$_6$] 结构单元的相对含量逐渐增加，[AlO$_4$] 结构单元的相对含量逐渐减少。另一方面也证明 La_2O_3 能够促进 [AlO$_4$] 结构单元转换成 [AlO$_6$] 结构单元。而 [AlO$_6$] 结构单元在硅酸盐网络中起网络改性剂作用，所以可以认为 La_2O_3 能够对硅酸盐网络结构造成破坏与其"能够促进 [AlO$_4$] 结构单元转换成 [AlO$_6$] 结构单元"这一性质有关。

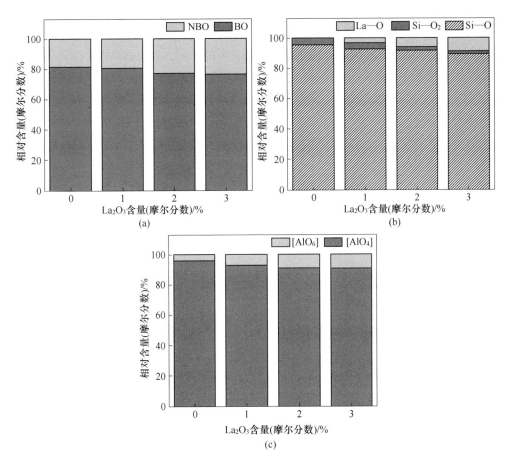

图 4.15 不同 La$_2$O$_3$ 含量下 XPS 谱线拟合得到的各结构相对含量

(a) O 1s; (b) Si 2p; (c) Al 2p

4.2.2 不同 $x(CaO)/x(SiO_2)$ 条件下 La$_2$O$_3$ 对熔体结构的影响

为了研究不同 $x(CaO)/x(SiO_2)$ 条件下 La$_2$O$_3$ 对熔体结构的影响，改变体系的 $x(CaO)/x(SiO_2)$，使其分别为 0.25、0.42 和 0.55，再分别向其中加入 2% （摩尔分数） 的 La$_2$O$_3$。制备出 1550℃的淬冷样品后，对淬冷样品进行拉曼光谱和 XPS 检测，（$x(CaO)/x(SiO_2)$ = 0.42）的体系已在上一节作出分析，本节不再重复）。对各组 1550℃淬冷样品进行 XRD 检测，检测结果如图 4.16 所示。各组 1550℃淬冷样品中没有晶相，全为各向同性的玻璃相，可以用于高温熔体微观结构的研究。

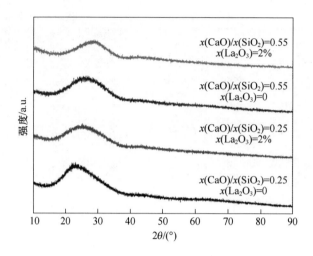

图 4.16 不同 $x(CaO)/x(SiO_2)$ 条件下 1550℃ 淬冷样品的 XRD 图谱

4.2.2.1 熔体结构的拉曼光谱分析

不同 $x(CaO)/x(SiO_2)$ 条件下 La_2O_3 对熔体拉曼谱线的影响如图 4.17 所示。在 $200\sim740cm^{-1}$ 范围内，$x(CaO)/x(SiO_2)=0.25$ 条件下，可以看到 $[TO_4]_6$ 对应峰强度最高，添加 La_2O_3 后，$[TO_4]_6$ 峰的强度降低。$x(CaO)/$

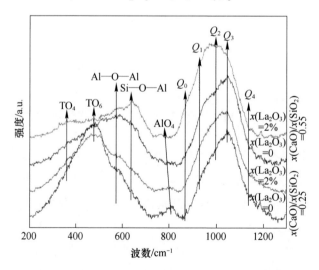

图 4.17 不同 $x(CaO)/x(SiO_2)$ 条件下淬冷玻璃样品的拉曼谱线

$x(\text{SiO}_2) = 0.55$ 条件下，600cm^{-1} 附近 Al—O—Al 峰的强度较高，添加 La$_2$O$_3$ 后，Si—O—Al 峰的强度明显增加，另外，Q^2 附近峰的强度也明显增加。不同 $x(\text{CaO})/x(\text{SiO}_2)$ 下 La$_2$O$_3$ 对熔体结构单元相对含量的影响规律如图 4.18 所示。添加 La$_2$O$_3$ 后，$[\text{TO}_4]_4 + [\text{TO}_4]_6$、Al—O—Al、$[\text{AlO}_4]$ 含量降低，$(Q^3 + Q^4)/(Q^0 + Q^1 + Q^2)$ 降低，Si—O—Al 结构含量增加。其中，$x(\text{CaO})/x(\text{SiO}_2) = 0.25$ 时，La^{3+} 对 $[\text{TO}_4]_4$ 和 $[\text{TO}_4]_6$ 结构的作用程度较大。$x(\text{CaO})/x(\text{SiO}_2) = 0.55$ 时，La^{3+} 对 Al—O—Al，Si—O—Al 及 Q^2 结构的作用程度较大。

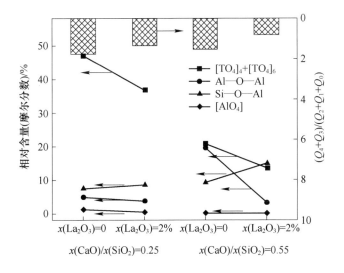

图 4.18 不同 $x(\text{CaO})/x(\text{SiO}_2)$ 条件下 La$_2$O$_3$ 对熔体结构单元相对含量的影响规律

4.2.2.2 熔体结构的 X 光电子能谱分析

各组 1550℃ 淬冷样品的 XPS 检测结果如图 4.19 所示。对各淬冷样品 XPS 原始图谱进行分析如图 4.20 所示。样品中的氧以非桥氧（NBO）和桥氧（BO）两种形式存在，向 $x(\text{CaO})/x(\text{SiO}_2)$ 不同的样品中加入 La$_2$O$_3$ 后，O 1s 的结合能均降低，且低 $x(\text{CaO})/x(\text{SiO}_2)$ 样品的 O 1s 结合能降低幅度更大。说明在 $x(\text{CaO})/x(\text{SiO}_2)$ 较低的条件下，La$_2$O$_3$ 对样品中 NBO 键（BO 键）的相对数量变化影响更大。硅以 Si—O 键和 Si—O$_2$ 键两种形式存在，Si 2p 的结合能均降低，低 $x(\text{CaO})/x(\text{SiO}_2)$ 样品的 Si 2p 结合能降低幅度更大。说明在 $x(\text{CaO})/x(\text{SiO}_2)$ 较低的条件下，La$_2$O$_3$ 对样品中 Si—O 键

（Si—O₂ 键）的相对数量变化影响更大。Al 以 [AlO₄] 和 [AlO₆] 两种形式存在，向 $x(CaO)/x(SiO_2)$ 不同的样品中加入 La₂O₃，Al 2p 的结合能均升高，低 $x(CaO)/x(SiO_2)$ 样品的 Al 2p 结合能升高幅度更大。说明在 $x(CaO)/x(SiO_2)$ 较低的条件下，La₂O₃ 对样品中 [AlO₆] 结构单元（[AlO₄] 结构单元）的相对数量变化影响更大。

对各淬冷样品进行分峰拟合，得到了 O 1s 的光电子能谱（见图 4.21），Si 2p 的光电子能谱（见图 4.22），Al 2p 的光电子能谱（见图 4.23）。

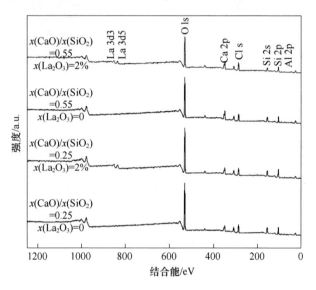

图 4.19 不同 $x(CaO)/x(SiO_2)$ 条件下 1550℃ 淬冷样品的 XPS 原始图谱

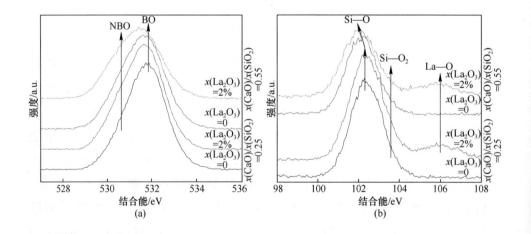

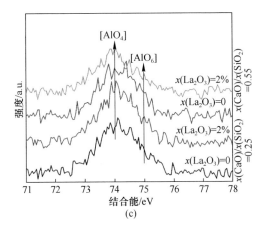

图 4.20 不同 x(CaO)/x(SiO$_2$)条件下 1550℃淬冷样品的 XPS 图谱

（a）O 1s；（b）Si 2p；（c）Al 2p

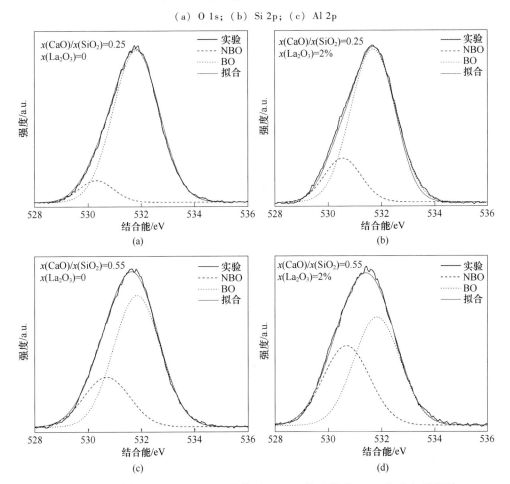

图 4.21 不同 x(CaO)/x(SiO$_2$)条件下 1550℃淬冷样品 O 1s 的光电子能谱

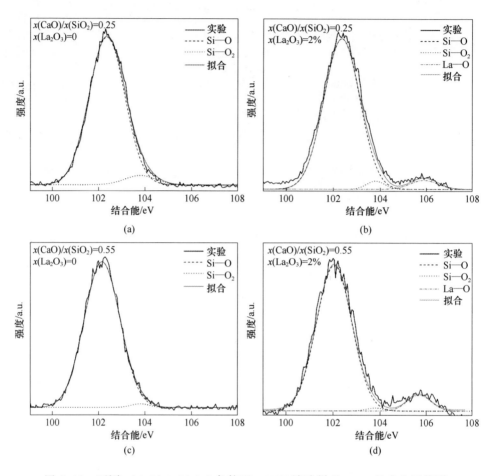

图 4.22 不同 $x(CaO)/x(SiO_2)$ 条件下 1550℃淬冷样品 Si 2p 的光电子能谱

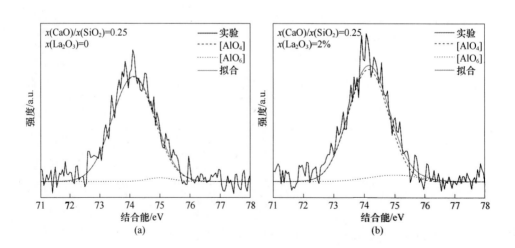

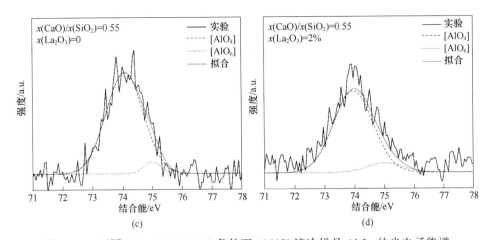

图 4.23 不同 $x(CaO)/x(SiO_2)$ 条件下 1550℃ 淬冷样品 Al 2p 的光电子能谱

将各结构单元的相对含量进行统计，得到的结果如图 4.24 所示。向样

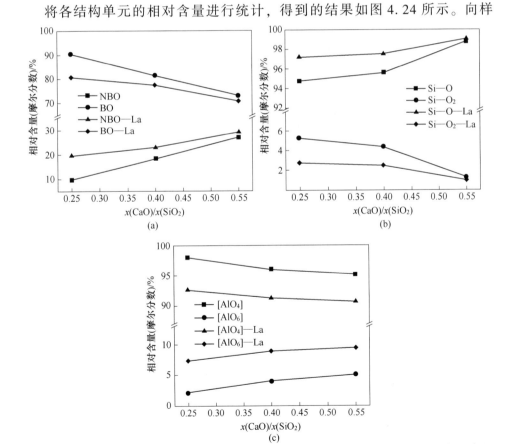

图 4.24 不同 $x(CaO)/x(SiO_2)$ 条件下 XPS 谱线拟合得到的各结构相对含量

（a）O 1s；（b）Si 2p；（c）Al 2p

品中加入 2%（摩尔分数）La_2O_3 后，各淬冷样品中 NBO 键的相对含量均增加，BO 键的相对含量均减少；Si—O 键的相对含量均增加，Si—O_2 键的相对含量均减少；[AlO_6]结构单元的相对含量均增加，[AlO_4]结构单元的相对含量均减少，且都是 $x(CaO)/x(SiO_2)$ 低的样品变化幅度大。这与"不同 $x(CaO)/x(SiO_2)$ 条件下，La_2O_3 对低 $x(CaO)/x(SiO_2)$ 样品拉曼谱线影响更大"的规律一致。本书体系中的金属阳离子主要为 Ca 离子，且研究的所有样品均满足 $x(CaO)/x(Al_2O_3)>1$，故体系中的 Ca 离子会在完成对 Al 离子的电价补偿后，实现对硅酸盐的网络结构、原子键的破坏。$x(CaO)/x(SiO_2)$ 较低的样品中，Ca 离子相对较少，因而对硅酸盐网络结构、原子键的破坏性较小，此时加入对网络结构、原子键具有同样破坏作用的 La 离子，就会产生较为明显的影响。体系 $x(CaO)/x(SiO_2)$ 的升高，即 SiO_2 含量降低，会使熔体中硅氧四面体数量减少，硅酸盐网络结构松散。同时，在 Ca、La 等金属离子的破坏作用下，体系中桥氧键发生断裂形成非桥氧键，熔体中含非桥氧键数量高的结构单元增多，含桥氧键数量高的结构单元减少，会进一步降低硅酸盐网络结构的聚合程度，使其熔体的黏度降低、电导率增加。

4.2.3　不同 Al_2O_3 含量条件下 La_2O_3 对熔体结构的影响

为了研究不同 Al_2O_3 含量条件下 La_2O_3 对熔体结构的影响，改变体系的 Al_2O_3 含量（摩尔分数），使其分别为 3%、5% 和 7%，再分别向其中加入 2%（摩尔分数）La_2O_3。制备出 1550℃ 的淬冷样品后，对淬冷样品进行拉曼光谱和 XPS 检测，$x(Al_2O_3)=5\%$ 的体系已在上一节作出分析，本节不再重复。首先对各组 1550℃ 淬冷样品进行 XRD 检测，检测结果如图 4.25 所示。各组 1550℃ 淬冷样品的 XRD 图谱均是包络线，说明淬冷样品制备成功，可以用于高温熔体结构的研究。

4.2.3.1　熔体结构的拉曼光谱分析

图 4.26 是不同 Al_2O_3 含量下玻璃样品的拉曼谱线。在 $200\sim740cm^{-1}$ 范围内，3%（摩尔分数）Al_2O_3 含量下 Si—O—Al 对应峰的强度较高，而 7%（摩尔分数）Al_2O_3 含量下 [TO_4]$_6$ 和 Al—O—Al 对应峰的强度较高。说明 Al_2O_3 含量的不同会对 [TO_4]$_6$、Al—O—Al 和 Q^2 结构单元产生较大的影响。在不同 Al_2O_3 含量下添加 La_2O_3 后，Si—O—Al 峰的强度明显增加，且 Q^2 对

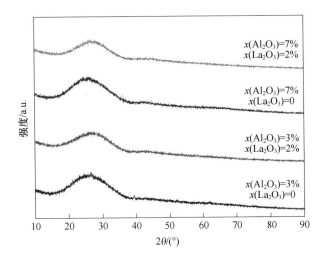

图 4.25　不同 Al₂O₃ 含量下 1550℃淬冷样品的 XRD 图谱

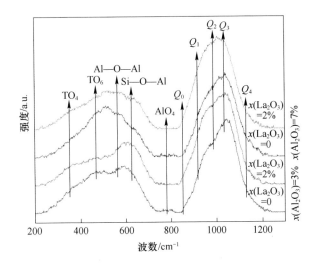

图 4.26　不同 Al₂O₃ 含量下淬冷玻璃样品的拉曼谱线

应峰的强度明显增加。Si—O—Al 含量增加，预示着 La^{3+} 促进硅氧四面体、铝氧四面体的形成。不同 Al₂O₃ 含量下，La₂O₃ 对熔体结构单元相对含量的影响规律如图 4.27 所示，添加 La₂O₃ 后，$(Q^3+Q^4)/(Q^0+Q^1+Q^2)$ 降低，表明 La^{3+} 促进 Q^0、Q^1、Q^2 的形成。在 Al₂O₃ 含量较高下，La₂O₃ 主要对 $[TO_4]_6$、Al—O—Al、Si—O—Al 和 Q^2 结构单元产生影响。

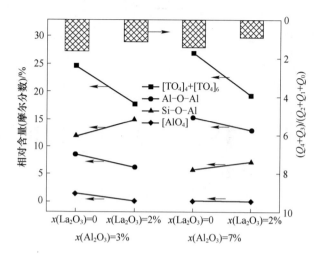

图 4.27 不同 Al_2O_3 含量下 La_2O_3 对熔体结构单元相对含量的影响规律

4.2.3.2 熔体结构的 X 光电子能谱分析

各组 1550℃淬冷样品的 XPS 检测结果如图 4.28 所示。对各淬冷样品 XPS 原始图谱进行分析如图 4.29 所示。样品中的氧以非桥氧(NBO)和桥氧(BO)两种形式存在,向 Al_2O_3 含量不同的样品中加入 La_2O_3 后,O 1s 的结

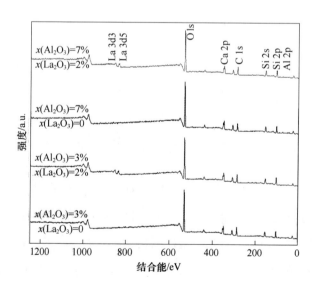

图 4.28 不同 Al_2O_3 含量下 1550℃淬冷样品的 XPS 原始图谱

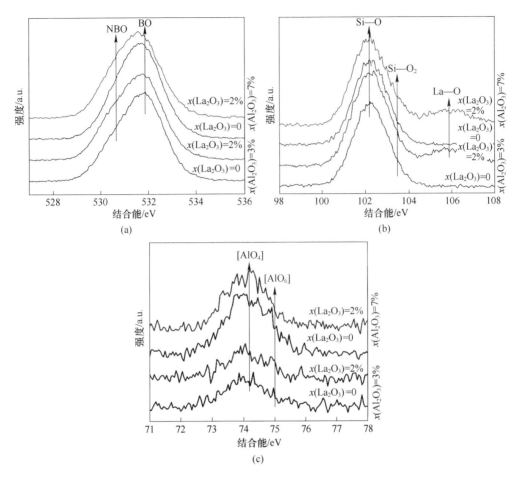

图 4.29 不同 Al$_2$O$_3$ 含量下 1550℃淬冷玻璃样品的 XPS 图谱

(a) O 1s;(b) Si 2p;(c) Al 2p

合能均降低,且 Al$_2$O$_3$ 含量高的样品的 O 1s 结合能降低的幅度更大。说明 La$_2$O$_3$ 对 Al$_2$O$_3$ 含量高的样品中 NBO 键(BO 键)的相对数量变化影响更大。硅以 Si—O 键和 Si—O$_2$ 键两种形式存在,向 Al$_2$O$_3$ 含量不同的样品中加入 La$_2$O$_3$,Si 2p 的结合能均降低,且 Al$_2$O$_3$ 含量高的样品的 Si 2p 结合能降低幅度更大。说明 La$_2$O$_3$ 对 Al$_2$O$_3$ 含量高的样品中 Si—O 键(Si—O$_2$ 键)的相对数量变化影响更大。铝以 [AlO$_4$] 和 [AlO$_6$] 两种形式存在,向 Al$_2$O$_3$ 含量不同的样品中加入 La$_2$O$_3$,Al 2p 的结合能均升高,且 Al$_2$O$_3$ 含量低的样品的 Al 2p 结合能升高的幅度更大。说明 La$_2$O$_3$ 对 Al$_2$O$_3$ 含量低的样品中 [AlO$_6$] 结构单元([AlO$_4$]结构单元)的相对数量变化影响更大。

对各淬冷样品进行分峰拟合，得到了 O 1s 的光电子能谱（见图 4.30），Si 2p 的光电子能谱（见图 4.31），Al 2p 的光电子能谱（见图 4.32）。

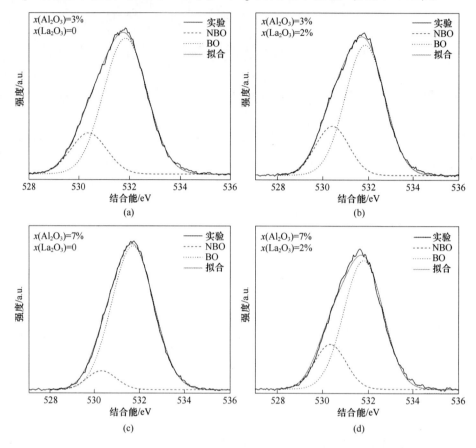

图 4.30　不同 Al_2O_3 含量下 1550℃ 淬冷样品 O 1s 的光电子能谱

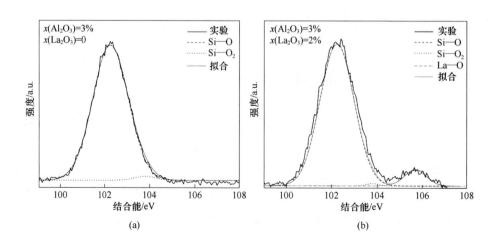

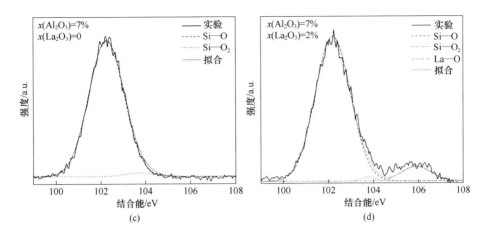

图 4.31 不同 Al₂O₃ 含量下 1550℃ 淬冷样品 Si 2p 的光电子能谱

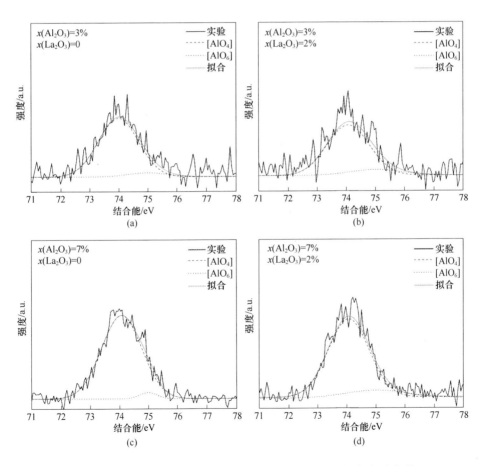

图 4.32 不同 Al₂O₃ 含量下 1550℃ 淬冷样品 Al 2p 的光电子能谱

　　将各结构单元相对含量进行统计，得到的结果如图 4.33 所示。向样品中加入 2%（摩尔分数）La_2O_3 后，各淬冷样品中 NBO 键的相对含量均增加，BO 键的相对含量均减少，Al_2O_3 含量高的样品变化幅度更大。各淬冷样品中 Si—O 键的相对含量均增加，Si—O_2 键的相对含量均减少，Al_2O_3 含量高的样品变化幅度更大。各淬冷样品中 [AlO_6] 结构单元的相对含量增加，[AlO_4] 结构单元的相对含量减少，但 Al_2O_3 含量低的样品变化幅度更大。Al_2O_3 作为两性氧化物，在一定条件下可作为硅酸盐网络结构的形成者或是破坏者，如：当体系内有金属氧化物对其进行电价补偿时，Al_2O_3 会形成 [AlO_4] 结构单元，此结构单元与 [SiO_4] 结构单元类似，因而能够增强网络

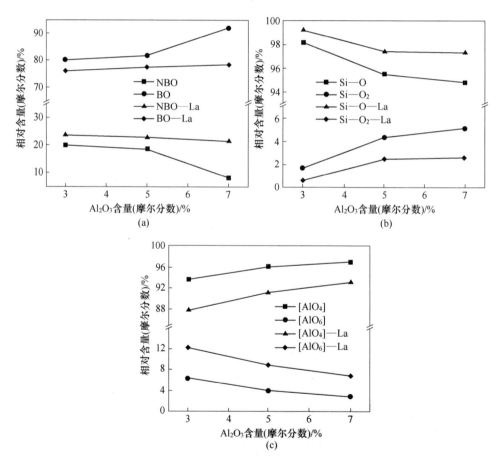

图 4.33　不同 Al_2O_3 含量下 XPS 谱线拟合得到的各结构相对含量

(a) O 1s；(b) Si 2p；(c) Al 2p

结构的形成，此时 Al$_2$O$_3$ 是网络形成体；当体系内没有金属氧化物对 Al$_2$O$_3$ 进行电价补偿时，Al$_2$O$_3$ 易形成 [AlO$_6$] 结构单元，对网络结构造成破坏，此时 Al$_2$O$_3$ 就是网络破坏体。Al$_2$O$_3$ 含量高的样品中，[AlO$_4$] 结构单元多，[AlO$_6$] 结构单元少，体系的网络结构连接性更强，因而在加入 La$_2$O$_3$ 后，La^{3+} 对网络结构的破坏性就越明显，其 NBO 键与 BO 键的相对含量变化幅度就越大。Al$_2$O$_3$ 含量高的样品中，Si—O$_2$ 键较多，加入 La^{3+} 后，其相对含量变化幅度更大。但 Al$_2$O$_3$ 含量低的样品中，[AlO$_4$] 结构单元的相对含量较少，有利于 [AlO$_4$] 转变成 [AlO$_6$]，因而 La$_2$O$_3$ 对 Al$_2$O$_3$ 含量低的样品中 [AlO$_6$]（[AlO$_4$]）结构单元的相对含量变化幅度影响更大。

4.2.4 La$_2$O$_3$ 对硅铝酸盐熔体结构作用机理分析

从以上拉曼谱线分析结果可以发现，La^{3+} 对 840~1200cm^{-1} 范围内谱线的峰形影响较小，相比之下对 200~840cm^{-1} 范围内谱线的峰形影响较大，表明熔体中添加 La$_2$O$_3$ 对 T—O—T 结构具有强烈的作用，这与 Park 等[23-24] 研究 Ce$_2$O$_3$ 对 MnO-SiO$_2$-Al$_2$O$_3$ 系熔体结构的作用的结论相似。另外，大量研究表明，稀土氧化物能够降低硅酸盐、硅铝酸盐熔体黏度[25-30]，这取决于稀土离子对四面体结构的解聚作用，本书研究结果也支撑了 La^{3+} 能够降低熔体聚合度从而降低黏度这一结论。Dietzel[31] 提出用阳离子与氧阴离子间的库仑力表示的参数 I 来代表阳离子的键强，计算公式如式 2.3 所示。根据 I 的计算公式[31] 得到本书中金属离子的半径（r）和 I 如表 4.3 所示，$I_{Al} < I_{Si}$ 表明 Al^{3+} 的键强比 Si^{4+} 的键强弱，铝氧四面体结构更容易被金属阳离子破坏，因此，La^{3+} 对 [AlO$_4$] 单元的作用更强。由拉曼谱线结果可知：添加 La$_2$O$_3$ 后，[AlO$_4$]、Al—O—Al、Si—O—Al 结构单元发生了很大的变化，尤其是在高 x(CaO)/x(SiO$_2$) 条件下影响最显著。Al 2p 分析结果也表明 La^{3+} 促进了 [AlO$_4$] 向 [AlO$_6$] 结构的转变。值得注意的是，添加 La$_2$O$_3$ 后，Si—O—Al 的数量增加，根据"铝回避（degree of Al avoidance）"原则，受金属阳离子场强的影响，在硅铝酸盐中 Al^{3+} 倾向于形成 Si—O—Al[32]，由于 La^{3+} 与 Ca^{2+} 和 Mg^{2+} 等金属阳离子有类似的网络修饰体作用，即添加 La$_2$O$_3$ 后进一步促进了 Si—O—Al 的形成，因此，La^{3+} 能够促进硅氧四面体和铝氧四面体形成交织复杂的四面体网络结构[28,33-34]。

表 4.3　不同阳离子的 r 和 I 数值

参数	Ca^{2+}	Mg^{2+}	La^{3+}	Ce^{3+}	Al^{3+}	Si^{4+}
r	1.0	0.72	1.032	1.01	0.535	0.4
I	0.694	0.9	1.014	1.033	1.603	2.469

4.3　温度对 SiO_2-CaO-Al_2O_3-MgO-La_2O_3 系熔体结构的影响

熔体的黏度、电导率等物性主要受熔体结构的影响，不仅成分含量会使熔体结构变化，温度也会导致熔体结构发生变化。本章采用对 1550~1100℃ 淬冷样品进行拉曼光谱、SEM-EDS 和 XRD 检测的方法，研究温度对成分含量不同的 SiO_2-CaO-Al_2O_3-MgO-La_2O_3 系高温熔体拉曼峰位以及原子间键能的影响，分析并总结其微观结构的变化规律。

为了研究不同 La_2O_3 含量及温度对熔体微观结构的影响，改变体系的 La_2O_3 含量，使其 La_2O_3 含量（摩尔分数）分别为 0、1%、2% 和 3%，分别制备出 1550~1100℃ 的淬冷样品，并对淬冷样品进行拉曼光谱、XRD 和 SEM-EDS 检测。

4.3.1　不同温度下 La_2O_3 含量对熔体结构影响的拉曼光谱分析

各组淬冷样品的拉曼光谱检测结果如图 4.34 所示。图 4.34（a）中，1550~1200℃ 淬冷样品的拉曼谱线为包络线，在低频和高频波段各有一个包络峰；1150~1100℃ 淬冷样品的拉曼光谱中出现了清晰尖锐的峰。图 4.34（b）中，1550~1200℃ 淬冷样品的拉曼谱线同样为包络线；1150~1100℃ 淬冷样品的拉曼光谱中出现了清晰尖锐的峰。图 4.34（c）中，1550~1150℃ 淬冷样品的拉曼谱线为包络线；1100℃ 淬冷样品的拉曼光谱中出现了清晰尖锐的峰。图 4.34（d）中，1550~1150℃ 淬冷样品的拉曼谱线为包络线；1100℃ 淬冷样品的拉曼光谱中出现了清晰尖锐的峰。经对比，拉曼峰对应的成分均为 $CaMg(SiO_3)_2$[35]。

熔体的包络峰是由多种结构单元的特征谱峰重叠形成的，需对其进行多

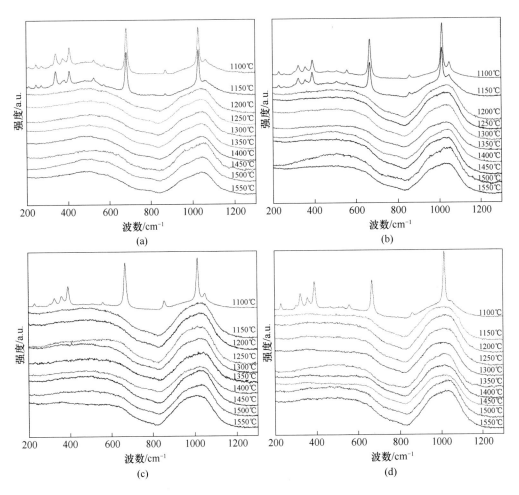

图 4.34 不同 La$_2$O$_3$ 含量下淬冷样品的拉曼光谱

（a）$x(La_2O_3)=0$；（b）$x(La_2O_3)=1\%$；（c）$x(La_2O_3)=2\%$；（d）$x(La_2O_3)=3\%$

峰拟合。拟合后各个结构单元峰位的变化情况如图 4.35 所示。低频波段 [TO$_4$]$_4$、[TO$_4$]$_6$、Al—O—Al、Si—O—Al 结构单元的峰位和高频波段 Q^0、Q^1、Q^2、Q^3 结构单元的峰位均随着温度的降低而向高频方向发生偏移，这是由原子间运动的剧烈程度降低、键长变短、键能增加导致的。同时发现，特征带频率的变化与温度呈近似线性关系，且温度对低频波段结构单元的峰位影响更大，这是因为低频波段的结构单元基本都独立在硅氧三维网络结构外，越在硅氧三维网络结构中处于边缘位置的结构单元，其受温度的影响越大[36]。向体系中加入 La$_2$O$_3$ 后，温度对峰位产生的影响会减弱，且 La$_2$O$_3$

含量越高，这种影响越小，这是因为 La^{3+} 的电场强度大，会使原子间的键长缩短、键能增加，因而减轻了温度变化对峰位产生的影响，即降低了各基本结构单元拉曼峰位偏移的幅度。

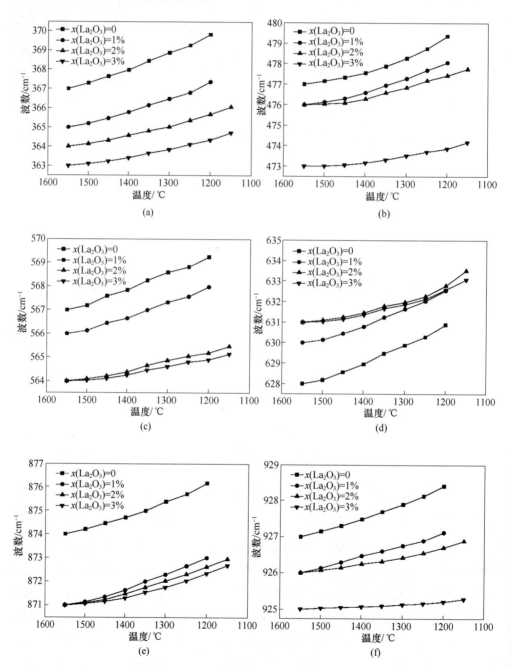

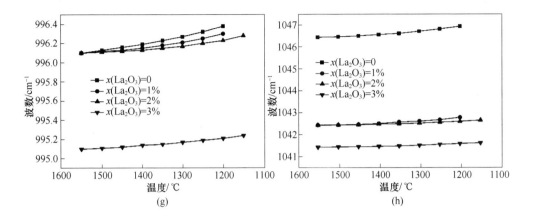

图 4.35　不同 La_2O_3 含量下淬冷样品中各结构单元的拉曼峰位与温度的关系

（a）$[TO_4]_4$；（b）$[TO_4]_6$；（c）Al—O—Al；（d）Si—O—Al；

（e）Q^0；（f）Q^1；（g）Q^2；（h）Q^3

4.3.2　不同温度下 La_2O_3 对熔体微观结构的影响

图 4.36 是淬冷样品的 XRD 图谱。图 4.36(a)中，淬冷样品在 1200℃ 时只有几个很微弱的峰，从 1150℃ 开始出现明显的衍射峰；图 4.36(b)中，淬冷样品从 1150℃ 开始出现衍射峰；图 4.36(c)中，淬冷样品只在 1100℃ 出现衍射峰；图 4.36(d)中，淬冷样品在 1100℃ 只出现了几个微弱的峰。经过对比，其成分均为 $CaMg(SiO_3)_2$。这与拉曼光谱的分析结果一致。

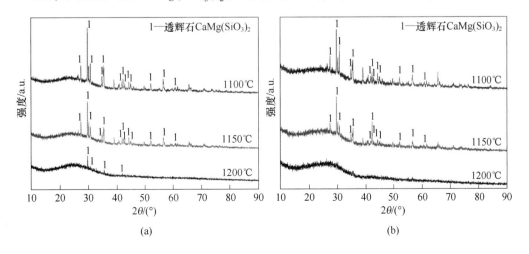

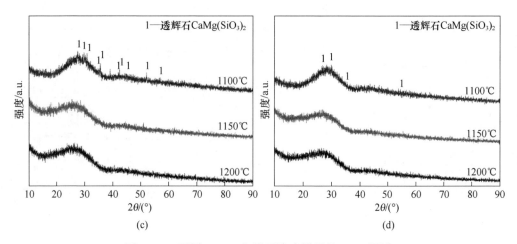

图 4.36　不同 La_2O_3 含量下淬冷样品的 XRD 图谱

（a）$x(La_2O_3) = 0$；（b）$x(La_2O_3) = 1\%$；（c）$x(La_2O_3) = 2\%$；（d）$x(La_2O_3) = 3\%$

　　图 4.37 是淬冷样品的 SEM - EDS 图。图 4.37（a）中，淬冷样品从 1150℃开始出现结晶相；图 4.37（b）中，淬冷样品也从 1150℃开始出现结晶相；图 4.37（c）中，淬冷样品只在 1100℃ 出现结晶相；图 4.37（d）中，淬冷样品也只在 1100℃ 出现结晶相。经过对比，结晶相的成分均为 $CaMg(SiO_3)_2$。这与拉曼光谱、XRD 的分析结果一致。从能谱中可以发现

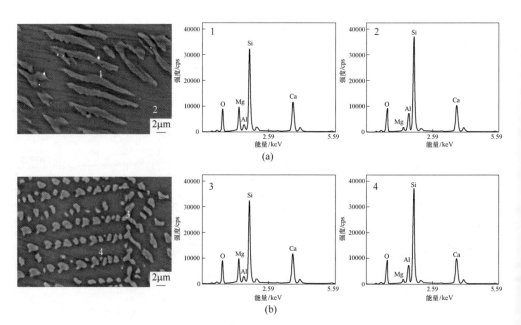

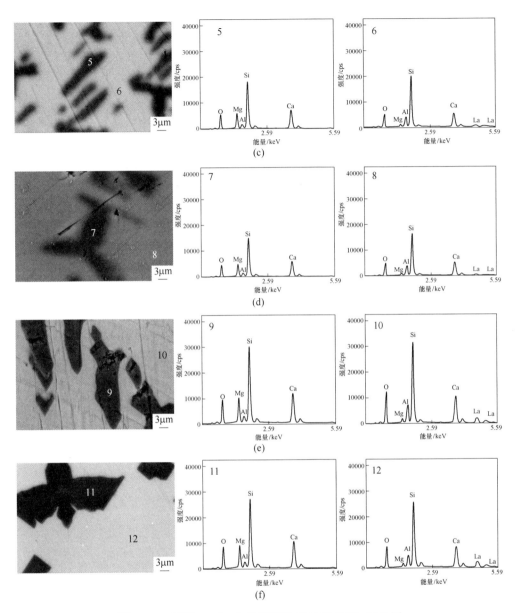

图 4.37　不同 La_2O_3 含量下淬冷样品的 SEM-EDS 图

（a） $x(La_2O_3)=0$，1150℃；（b） $x(La_2O_3)=0$，1100℃；（c） $x(La_2O_3)=1\%$，1150℃；

（d） $x(La_2O_3)=1\%$，1100℃；（e） $x(La_2O_3)=2\%$，1100℃；（f） $x(La_2O_3)=3\%$，1100℃

La 只存在于基体中，La_2O_3 含量的变化并未改变体系的主晶相[4]。但随着 La_2O_3 含量的增加，体系出现结晶的温度在不断降低，此温度与各组样品黏度陡增时所处的温度基本一致，表明熔体黏度发生变化的主要原因在于熔体的结构发生了变化。

4.4 本章小结

本章围绕 La_2O_3 对 SiO_2-CaO-Al_2O_3-MgO 系高温熔体结构作用展开研究，通过拉曼光谱、XRD、XPS 与 SEM-EDS 方法研究不同条件下高温熔体结构，得到以下结论：

相对于拉曼光谱的高频波段（840~1200cm^{-1}）部分对应的[SiO_4]结构，添加 La_2O_3 后，拉曼谱线的低频（200~840cm^{-1}）部分峰型发生较大变化，表明熔体中添加 La_2O_3 后，对低频波段 T—O—T 结构单元产生的影响更大。随 La_2O_3 含量增加，T—O—T，Al—O—Al、[AlO_4]结构的相对含量逐渐降低，$(Q^3+Q^4)/(Q^0+Q^1+Q^2)$ 逐渐降低，La^{3+} 在硅氧四面体、铝氧四面体结构中起到解聚的作用。

改变熔体成分时，La^{3+} 对硅氧四面体、铝氧四面体网络结构的解聚程度存在差异，$x(CaO)/x(SiO_2)$ 越低，La^{3+} 对 T—O—T 结构的解聚作用越强；当 $x(CaO)/x(SiO_2)$ 较高时，La^{3+} 对 Al—O—Al、Si—O—Al 及 Q^2 结构的作用程度较大。La^{3+} 能够促进[AlO_4]向[AlO_6]结构转变，Al_2O_3 含量越高，La^{3+} 对硅氧四面体、铝氧四面体网络结构的解聚作用越强；在较低的 $x(CaO)/x(SiO_2)$（0.25）和高的 Al_2O_3 含量（摩尔分数为8%）下的解聚作用最显著。La^{3+} 对拉曼谱线低频区域的 T—O—T 网络结构作用程度高于对高频区域的[SiO_4]四面体结构。La^{3+} 能够促进 Si—O—Si 和 Al—O—Al 向 Si—O—Al 结构转变。添加 La_2O_3 后，Si—O—Al 结构相对含量增加，La^{3+} 有利于促进形成硅氧四面体和铝氧四面体混合的网络结构。

随着温度的降低，熔体中各基本结构单元拉曼峰位均向高频方向偏移，且低频波段结构单元的偏移幅度大于高频波段结构单元的偏移幅度；向体系中加入 La_2O_3 后，温度对峰位发生偏移的影响会减弱，且 La_2O_3 含量越高，这种影响越小。较低温度下会出现 $CaMg(SiO_3)_2$ 相，且 La_2O_3 含量越高，$CaMg(SiO_3)_2$ 相出现的温度越低。

参 考 文 献

[1] 刘雪波，贾晓林，邓磊波，等.CaF₂ 对复合矿渣微晶玻璃结构与力学性能的影响 [J]. 硅酸盐通报，2014，33（10）：2579-2582.

[2] VIRGO D，MYSEN B O，KUSHIRO I. Anionic constitution of 1-atmosphere silicate melts：Implications for the structure of igneous melts [J]. Science，1980，208（4450）：1371-1373.

[3] 黎江玲. 高铝钢连铸保护渣的物理化学研究 [D]. 北京：北京科技大学，2016.

[4] HAAS S，HOELL A，WURTH R，et al. Analysis of nanostructure and nanochemistry by ASAXS：Accessing phase composition of oxyfluoride glass ceramics doped with Er^{3+}/Yb^{3+} [J]. Physical Revienl B，2010，81（18）：1248.

[5] 吴永全. 硅酸盐熔体微观结构及其与宏观性质关系的理论研究 [D]. 上海：上海大学，2004.

[6] NEUVILLE D R，CORMIER L，MASSIOT D. Al coordination and speciation in calcium aluminosilicate glasses：Effects of composition determined by ^{27}Al MQ-MAS NMR and Raman spectroscopy [J]. Chemical Geology，2006，229（1/2/3）：173-185.

[7] KIM T S，PARK J H. Structure-viscosity relationship of low-silica calcium aluminosilicate melts [J]. ISIJ International，2014，24（9）：2031-2038.

[8] MCMILLAN P，PIRIOU B. Raman spectroscopy of calcium aluminate glasses and crystals [J]. Journal of Non-Crystalline Solids，1983，55（2）：221-242.

[9] SEKITA M，OHASHI H，TERADA S. Raman spectroscopic study of clinopyroxenes in the system $CaScAlSiO_6-CaAl_2SiO_6$ [J]. Physics & Chemistry of Minerals，1988，15（4）：319-322.

[10] MURDOCH J B，STEBBINS J F，CARMICHAEL I S E. High-resolution ^{29}Si NMR study of silicate and aluminosilicate glasses：The effect of network-modifying cations [J]. American Mineralogist，1985，70：332-343.

[11] DENG L B，ZHANG X F，ZHANG M X，et al. Effect of CaF_2 on viscosity，structure and properties of $CaO-Al_2O_3-MgO-SiO_2$ slag glass ceramics [J]. Journal of Non-Crystalline Solids，2018，500（15）：310-316.

[12] MYSEN B O，VIRGO D，KUSHIRO I. The structural role of aluminium in silicate melts—A Raman spectroscopic study at 1 atmosphere [J]. American Mineralogist，1981，66（7）：678-701.

[13] MCMILLAN P. A Raman spectroscopic study of glasses in the system $CaO-MgO-SiO_2$ [J]. American Mineralogist，1984，69（6）：645-659.

[14] STEBBINS J F, XU Z. NMR evidence for excess non-bridging oxygen in an aluminosilicate glass [J]. Nature, 1997, 390 (6655): 60-62.

[15] MYSEN B O, FRANTZ J D. Raman spectroscopy of silicate melts at magmatic temperatures: $Na_2O - SiO_2$, $K_2O - SiO_2$ and $Li_2O - SiO_2$ binary compositions in the temperature range 25-1475℃ [J]. Chemical Geology, 1992, 96 (3/4): 321-332.

[16] LI Q H, YANG S F, ZHANG Y L, et al. Effects of MgO, Na_2O, and B_2O_3 on the viscosity and structure of Cr_2O_3-bearing $CaO-SiO_2-Al_2O_3$ slags [J]. ISIJ International, 2017, 57 (4): 689-696.

[17] SHIN S H, CHO J W, KIM S H. Structural investigations of $CaO-CaF_2-SiO_2-Si_3N_4$ based glasses by Raman spectroscopy and XPS considering its application to continuous casting of steels-Science Direct [J]. Materials & Design, 2015, 76: 1-8.

[18] MATSON D W, SHARMA S K, PHILPOTTS J A. The structure of high-silica alkali-silicate glasses. A raman spectroscopic investigation [J]. Journal of Non-Crystalline Solids, 1983, 58 (2/3): 323-352.

[19] MYSEN B O, FRANTZ J D. Structure of silicate melts at high temperature: In-situ measurements in the system $BaO-SiO_2$ to 1669℃ [J]. American Mineralogist, 1993, 78 (7): 699-709.

[20] 陈华, 赵鸣, 杜永胜, 等. La^{3+}存在形式对白云鄂博稀选尾矿微晶玻璃性能的影响 [J]. 物理学报, 2015, 64 (19): 247-254.

[21] 助永壮平, 中田大司, 一木智康, 等. RE-Mg-Si-O-N (RE = Y, Gd, Nd and La) 系融体の黏度 [J]. 日本金属学会誌, 2007, 71 (11): 1050-1056.

[22] 王占军. 含磷转炉钢渣磷选择性富集过程中的物理化学性质研究 [D]. 北京: 北京科技大学, 2017.

[23] KIM T S, JEONG S J, PARK J H. Structural understanding of $MnO-SiO_2-Al_2O_3-Ce_2O_3$ slag via Raman, 27Al NMR and X-ray photoelectron spectroscopies [J]. Metals and Materials International, 2019, 26 (12): 1872-1880.

[24] JEONG S J, KIM T S, PARK J H. Relationship between sulfide capacity and structure of $MnO-SiO_2-Al_2O_3-Ce_2O_3$ system [J]. Metallurgical and Materials Transactions B, 2017, 48: 545-553.

[25] CHARPENTIERA T, OLLIERB N, LI H. RE_2O_3-alkaline earth-aluminosilicate fiber glasses: Melt properties, crystallization, and the network structures [J]. Journal of Non-Crystalline Solids, 2018, 492 (15): 115-125.

[26] HOU Y S, YUAN J, KANG J F, et al. Effects of rare earth oxides on viscosity, thermal expansion, and structure of alkali-free boro-aluminosilicate glass [J]. Journal of Wuhan

University of Technology (Materials Science Edition), 2017, 32 (58): 58-62.

[27] CAI Z Y, SONG B, YANG Z B, et al. Effects of CeO_2 on melting temperature, viscosity, and structure of CaF_2-bearing and B_2O_3-containing mold fluxes for casting rare earth alloy heavy rail steels [J]. ISIJ International, 2019, 59 (7): 1242-1249.

[28] SHIMIZU F, TOKUNAGA H, SAITO N, et al. Viscosity and surface tension measurements of RE_2O_3 - MgO - SiO_2 (REY, Gd, Nd and La) melts [J]. ISIJ International, 2016, 46 (3): 388-393.

[29] QI J, LIU C J, ZHANG C, et al. Effect of Ce_2O_3 on structure, viscosity, and crystalline phase of $CaO-Al_2O_3-Li_2O-Ce_2O_3$ slags [J]. Metallurgical and Materials Transactions B, 2017, 48: 11-16.

[30] GUO W T, WANG Z, ZHAO Z W, et al. Effect of CeO_2 on the viscosity and structure of high-temperature melt of the $CaO-SiO_2$ ($-Al_2O_3$)$-CeO_2$ system [J]. Journal of Non-Crystalline Solids, 2020, 540: 120085.

[31] DIETZEL Z. The cation field strengths and their relation to devitrifying process to compound formation and to the melting points of silicates [J]. Zeitschrift für Elektrochemie, 1942, 48 (1): 9-23.

[32] LEE S K, STEBBINS J F. Al-O-Al and Si-O-Si sites in framework aluminosilicate glasses with Si/Al = 1: Quantification of framework disorder [J]. Journal of Non - Crystalline Solids, 2000, 270 (1): 260-264.

[33] MARCHI J, MORAIS D S, SCHNEIDER J, et al. Characterization of rare earth aluminosilicate glasses [J]. Journal of Non - Crystalline Solids, 2005, 351 (10): 863-868.

[34] HAMPSHIRE S, POMEROY M J. Effect of composition on viscosities of rare earth oxynitride glasses [J]. Journal of Non-Crystalline Solids, 2004, 344 (1): 1-7.

[35] CHOPELAS A, SERGHIOU G. Spectroscopic evidence for pressure-induced phase transitions in diopside [J]. Physics & Chemistry of Minerals, 2002, 29 (6): 403-408.

[36] WU Y Q, JIANG G C, YOU J L, et al. Theoretical study of the local structure and Raman spectra of $CaO-SiO_2$ binary melts [J]. Journal of Chemical Physics, 2004, 121 (16): 7883-7895.